DES

INFUSOIRES

Et de la place qu'ils occupent dans le Monde

PAR

Le Docteur Alfred **MORET**

Naître spontanément, c'est naître sans parents

DEYROLLE FILS

Libraire-Correspondant des Sociétés entomologiques de Londres, de Belgique, de Suisse, d'Italie & de Russie

19, RUE DE LA MONNAIE

PARIS

DU RÔLE

DES

INFUSOIRES

Et de la place qu'ils occupent dans le Monde

PAR

Le Docteur Alfred MORET

Naître spontanément, c'est naître sans parents.

DEYROLLE FILS
Libraire Correspondant des Sociétés entomologiques de Londres, de Belgique, de Suisse et d'Italie
19, RUE DE LA MONNAIE
PARIS

PRÉFACE.

On a beau s'en défendre, les questions insolubles ont un attrait irrésistible.

L'origine de la vie est une de ces questions pour lesquelles l'homme se passionnera toujours, parce que, indépendamment de la question purement scientifique, il y a un côté intéressé : son origine à lui.

Aussi n'est-ce pas sans émotion qu'on aborde ce problème.

Des questions complexes s'y rattachent. On n'ose pas séparer nettement la question scientifique de la question religieuse ; on sent que malgré soi on est entraîné vers des solutions extrêmes. Sortira-t-on de son étude, maté-

*

rialiste endurci ou spiritualiste convaincu ? Croira-t-on à l'éternité de la matière, à une création unique ou à des créations successives ?

On veut absolument une solution.

Malheureusement on la cherche avec une idée préconçue, et le plus ordinairement avec des données purement philosophiques, c'est-à-dire qu'on ignore plus ou moins complètement les détails de physiologie et d'histoire naturelle les plus indispensables.

Or, quand on est parti d'un point faux, c'est justement parce qu'on raisonne trop bien, qu'on est trop logique, qu'on risque de mieux se tromper.

On s'étonnera peut-être qu'à une époque où les intérêts matériels prédominent et absorbent la majeure partie des intelligences, une question pareille ait quelque chance de prospérer.

Il y a cependant deux raisons pour cela.

La première, c'est que cette question est passée du domaine du raisonnement pur dans celui des faits ; et cela, grâce à la tendance de l'époque qui fait qu'on scrute, qu'on examine tout et qu'on remet tout en question.

Les esprits synthétiques auront beau dire ; ils auront beau critiquer et tourner en ridicule les travaux modernes, les recherches minutieuses de détail, les travaux *microscopiques*, comme ils le disent, cela n'empêche pas que les progrès ne soient dus aux travaux de ces chercheurs infatigables et modestes qui accumulent lentement et péniblement les matériaux.

C'est avec ces matériaux seulement que les esprits généralisateurs pourront reconstruire l'édifice de leurs synthèses.

La seconde raison, c'est que, grâce au goût de la lecture et au nombre des journaux, une question qui restait autrefois confinée dans un laboratoire ou dans une académie se répand au dehors avec une grande rapidité, éveille la curiosité et le goût des recherches, de sorte que, au lieu de deux ou trois savants spéciaux, il y a maintenant une armée de travailleurs.

Le bruit qui s'est fait dans ces derniers temps autour de la question de la génération spontanée a éveillé chez tous les curieux l'intérêt qui se rattache à l'origine de la vie.

Beaucoup n'y ont plus pensé le lendemain ; mais d'autres ont pris à cœur de se faire une opinion.

Je puis dire que telle a été pour moi l'occasion des études que j'ai faites sur les infusoires.

J'ai été frappé aussitôt du rôle important de ces petits animaux et de la place énorme qu'ils occupent dans le monde, puisqu'ils contribuent pour une grande part à la formation des couches superficielles du globe.

Si je livre aujourd'hui au public ce travail incomplet,

qui n'est guère qu'un assemblage de notes et de réflexions isolées, auxquelles j'ai joint un résumé des faits connus, c'est que j'espère entraîner dans la voie de l'étude et des recherches un bon nombre d'amateurs et de gens du monde qui y trouveront une grande source de jouissances en compensation d'un peu de peine, et qui, une fois convaincus, peuvent convaincre les autres.

La majorité des lecteurs qui n'ont pas étudié la question ne croient pas à la génération spontanée.

Pour eux, c'est une affaire de principes, un point de logique. Tous les êtres qu'ils voient et qu'ils connaissent sont nés de parents et se reproduisent au moyen de germes; il leur semble donc absurde qu'on soutienne qu'il puisse en être autrement.

J'assure que telle était aussi ma conviction.

Je ne crois donc pas inutile d'exposer ici la façon dont j'ai été conduit à modifier mon opinion.

Il semble qu'il ne puisse y avoir à la question de l'origine des êtres que deux solutions.

Ou bien ils ont été créés de toutes pièces, à l'état d'adultes, doués de la propriété de se reproduire et avec des organes *ad hoc*, la vie donnée au premier couple devant se perpétuer ainsi jusqu'à nous.

Ou bien la matière est douée de propriétés éternelles; propriétés qui, dans des conditions voulues, ont produit des combinaisons variées et des êtres changeant suivant ces conditions.

La première de ces solutions implique l'idée d'un créateur intelligent.

Les partisans de la seconde ont la prétention de tout expliquer par les seules forces de la matière. Et voici à peu près la suite de leurs raisonnements et les faits sur lesquels ils s'appuient.

Tous les jours nous voyons les changements qui s'opèrent sous nos yeux et à notre volonté sur les plantes et les animaux que nous élevons. Avec telle ou telle nourriture et en variant les croisements, nous fabriquons telles ou telles espèces de moutons, de bœufs, de chiens, etc. Avec un églantier, on a fait des millions d'espèces de roses.

Dans la nature, les transformations ne sont pas moindres. Dans les grottes obscures, il y a des animaux aveugles; des araignées, des poissons, des canards mêmes, auxquels il pousse des yeux, dit-on, lorqu'ils arrivent à la lumière.

De plus, tous les animaux sont en lutte perpétuelle; les individus les plus forts finissent par supprimer les plus faibles, et l'espèce se modifie dans le sens du progrès.

L'homme lui-même ne serait arrivé à l'époque où nous le voyons qu'à force de luttes et d'efforts; à l'origine, il n'aurait été qu'un singe.

Mais ce n'est pas tout.

Puisque à mesure que leurs conditions d'existence ont

changé, les êtres se sont ainsi transformés, ne peut-on pas admettre que les mammifères ont eu pour ascendants les reptiles, et que ceux-ci ont été d'abord des poissons, quand la terre était couverte d'eau.

Avec un peu de bonne volonté, à l'aide *du temps* et *des circonstances*, en remontant du composé au simple, on arrive ainsi à ramener l'origine de tous les êtres à la cellule, qui se serait produite *spontanément*.

Ne nous donne-t-on pas la preuve écrite de cette théorie, dans l'anatomie comparée, puisque la série animale forme une immense chaîne, dont les anneaux contigus ont une grande ressemblance; si bien qu'on passe d'une espèce à l'autre presque insensiblement.

Voilà où on est arrivé en exagérant quelques points de vue ingénieux.

La théorie des sélections de Darwin, si féconde en résultats pratiques, a conduit quelques esprits à cette conclusion extrême :

Etant prouvée la génération spontanée des êtres les plus simples et la transformation successive de ces êtres du simple au composé, en vertu de leurs conditions d'existence, on explique sans l'intervention d'une puissance étrangère à la matière l'existence de tous les êtres qui peuplent le globe.

Eh bien ! la génération spontanée des infusoires est démontrée; c'est un fait acquis à la science ; le nier est tout simplement faire preuve d'ignorance; mais je proteste hautement contre les conséquences qu'on en voudrait tirer, et je crois fermement à l'intervention d'une puissance intelligente.

D'abord, disons nettement ce qu'on doit entendre par génération spontanée.

Rien ne se forme de rien, *ex nihilo nihil*. Pour qu'un infusoire se produise dans un liquide, il faut qu'il y existe de *la matière organique*. Or, la matière organique *a déjà vécu*, ce n'est pas de la matière minérale inerte.

Naître spontanément ne veut pas dire *naître de rien*, mais bien *naître sans parents*.

Tout ce qu'on peut assurer, c'est que dans une infusion, au sein d'un liquide transparent dans lequel il n'y a rien de visible même au microscope, on voit apparaître sous un œil stupéfait, d'abord des êtres rudimentaires, linéaires, des petits bâtonnets qui remuent; puis de petites sphères qui grossissent lentement; ce sont des *œufs spontanés* qui n'ont pas été pondus, d'où s'échappe bientôt un animal, simple il est vrai, mais doué de *mouvements volontaires*.

C'est une expérience que tout le monde peut répéter facilement. Il suffit de prendre un peu de matière végétale sèche, de l'immerger dans l'eau, et d'observer attentivement non seulement jour par jour, ni heure par heure, mais minute par minute; on surprend ainsi, comme dit

Mantegazza, la vie dans son berceau ; on assiste à la naissance d'un être qui n'a pas d'antécédent.

Eh bien ! c'est là toute la génération spontanée, mais il faut bien l'avouer, rien dans la science, rien ne peut expliquer l'apparition de ces petits êtres linéaires, ni de ces petits œufs.

Tout ce que nous connaissons des forces vitales communes répandues dans la matière organisée, est insuffisant pour donner raison de ce phénomène. Il faut donc bien admettre l'existence d'une intervention spéciale qui donne à la matière l'ébranlement vital. Appelez-la force plastique, nature, cause première, esprit.

En somme, la génération spontanée serait en petit l'image de ce qui s'est produit à l'origine de chaque être.

Le premier couple de tous les animaux qui ont vécu sur la terre, ont paru ainsi spontanément ; une main invisible les a pétris.

C'est là l'opinion de tous ceux qui ont vu sans idée préconçue et qui cependant sont bien convaincus de l'existence de cette génération spontanée.

C'est devant l'évidence absolue des faits qu'il faut renoncer à la croyance des germes imaginaires.

La génération spontanée des infusoires est une exception à la grande loi qui régit la génération des autres animaux contemporains de l'homme. Mais cela ne veut pas dire que ces animaux ne rentrent pas quelquefois dans la loi générale.

Il arrive, en effet, que certains animaux, qui ont paru d'abord par le fait d'une spontéparité, se reproduisent ensuite par la génération normale, et cela quand leurs conditions d'existence deviennent durables.

Exemple : les Nematoïdes (anguillules) de la colle de farine, qui font des petits vivants ; les Volvociens et bien d'autres infusoires dont la reproduction se fait par scissiparité.

Il semblerait que ces petits animaux n'apparaissent spontanément qu'à cause des conditions exceptionnelles dans lesquelles ils sont appelés à vivre.

En effet, ils naissent dans des flaques d'eau accidentelles qui ne contiennent aucun germe, et où il serait inutile d'en déposer, puisque la flaque d'eau venant à se dessécher, la génération suivante ne pourrait vivre. Ils se reproduisent autrement quand les conditions de vie deviennent durables.

En résumé, on voit que loin de conduire au matérialisme, l'étude de la génération spontanée ramène, au contraire, à l'idée d'une intervention intelligente et prévoyante.

Un autre enseignement ressort de l'étude des infusoires ; en effet, il est permis de raisonner par analogie sur ces petits animaux, comme on l'a fait à propos des gros ; on peut dire que l'histoire des infusoires est la négation absolue du Darwinisme.

Dans toutes les expériences que j'ai faites pendant plusieurs années, j'ai toujours vu, les conditions d'existence changeant, l'espèce *mourir* et être *remplacée* par une nouvelle qui n'avait aucun rapport avec la précédente. Je n'ai jamais vu aucune transformation.

Disons, en terminant, que la question de la génération spontanée a été le motif qui nous a fait étudier les infusoires; mais cette question ne remplit pas toute l'histoire des infusoires ; elle n'est pas non plus renfermée dans ce cadre étroit. On trouve dans les eaux dormantes toute une classe d'animaux qui, avant Ehremberg, étaient confondus avec les infusoires. Ce sont les Systolidiens ou Rotateurs, animaux symétriques, ayant des mâchoires, des organes digestifs complets, des muscles, des ovaires et des œufs volumineux.

Je suis persuadé que tous les Systolidiens *commencent* à paraître par génération spontanée. J'en ai eu la preuve directe dans plusieurs expériences de longue haleine.

L'espèce ainsi produite est une Lépadelle, famille des Brachioniens.

Il serait fort intéressant de rechercher la preuve expérimentale pour tous les autres Systolidiens.

L'étude de cette classe d'animaux fera l'objet d'une

publication spéciale dont tous les matériaux sont préparés.

Nous ne publions aujourd'hui que la première partie de cette série d'études. Elle contient les généralités relatives aux infusoires.

La seconde partie comprendra la description et les dessins.

Le soin que l'éditeur a voulu apporter à l'exécution de ces dessins retarde seul la publication de ce travail.

INTRODUCTION

Les questions scientifiques ont rarement le privilége d'émouvoir les masses; les savants combattent presque toujours en champ clos, devant leurs pairs, et le public n'est pas appelé à juger les coups.

Après le combat, les deux champions ont bien soin de garder chacun leur opinion; ils ne se donnent même pas l'accolade.

Une de ces questions, qui ont toujours divisé les savants et même les philosophes, restait dans l'ombre depuis longtemps; les vieux arguments usés, vieilles armes rouillées, paraissaient abandonnés pour toujours, quand tout-à-coup la guerre éclata; mais une véritable guerre, avec toutes les ressources de l'arsenal moderne. A la tête de chacun des deux partis ennemis, se trouvait un général habile : d'un côté, un chimiste, M. Pasteur, avec tout un attirail de matras, de limes, de longues pinces et d'eau bouillante; de l'autre, un physiologiste, M. Pouchet, avec des armes d'un tout autre ordre.

Il s'agissait de vider la grande querelle de la génération spontanée.

Le premier représentait les panspermistes, l'autre les hétérogénistes.

Après bien des attaques, qui laissèrent la victoire indécise, le champ de bataille resta, sinon au plus fort, du moins au plus habile. Un combat décisif fut proposé par les hétérogénistes, mais les juges du combat le refusèrent.

Il fallut alors choisir un autre terrain. On fit un appel au public. Deux conférences furent faites par M. Joly, l'une à l'École de médecine, l'autre à la Sorbonne. Les journaux scientifiques s'emparèrent de la question; ils furent bientôt suivis par les journaux politiques et littéraires. Toutes les feuilles, petites ou grandes, s'émurent; le public s'ébranla en masse.

Tout le monde alors voulut parler de la génération spontanée; mais combien, parmi ceux qui donnaient tout haut leur opinion, combien ignoraient le premier mot de la question.

C'est par des faits surtout, encore plus que par des raisonnements purs, qu'elle doit être résolue.

Ces faits reposent sur la connaissance approfondie de l'histoire des infusoires, et il faut au moins que les personnes qui s'intéressent à la question soient mises au courant des principales singularités qui distinguent ces animaux.

C'est le but que nous nous sommes proposé dans cet essai

Si vous venez à dire, dans le monde, que vous vous occupez de l'étude des infusoires, la première question qu'on vous fera sera infailliblement celle-ci : *à quoi ces êtres peuvent-ils servir ?*

Ordinairement, c'est par le côté utile, par les applications, que la science a ses entrées dans le monde.

Chaque jour, on a sous les yeux des plantes et des animaux que l'homme utilise ou qu'il fait connaître pour s'en préserver.

Mais ici, cette interrogation répond à un autre besoin. Par suite de notre éducation; *à priori*, par instinct, pour ainsi dire, nous croyons que rien n'a été créé inutilement, et que chaque être dans la nature contribue à l'harmonie de l'ensemble; on veut savoir quel est le rôle des infusoires.

On ne réfléchit pas que la même question pourrait être posée à propos de tous les animaux; mais ceux-ci paraissent tout nouveaux, on ne les a pas encore vus, la curiosité est éveillée.

C'est là, sans doute, un point de vue fort intéressant; mais ce sera le dernier mot de la science.

Bien peu de ces rapports ont pu être saisis; ce que l'on sait, c'est que les plantes et les animaux ont une action différente sur l'atmosphère : la plante s'empare de l'acide carbonique; elle garde le charbon et rend à l'air l'oxygène qui est indispensable à la respiration des animaux.

On sait aussi que l'existence de certains animaux est liée à celle de certaines plantes ou d'autres animaux, si bien que si on supprimait l'un, l'autre périrait infailliblement.

Mais, à ce point de vue, le grand tableau de l'harmonie du monde se présente à notre esprit borné sous un aspect assez triste. Tous ces êtres sont obligés de s'entredétruire pour vivre. La mort de l'un est nécessaire à la vie de l'autre.

Ainsi, les infusoires servent de pâture aux animaux plus gros, qui vivent avec eux dans les eaux stagnantes, et ils paraissent indispensables au développement des larves de certains insectes qui passent dans l'eau des marais la première phase de leur existence.

On peut ajouter qu'ils contribuent à purifier l'eau, en hâtant la transformation des matières organiques putréfiées qu'elle contient.

A un point de vue plus élevé, on peut regarder les infusoires comme les premiers instruments de ce grand travail que subit la matière organique, pour arriver à un état plus parfait, représenté par les animaux supérieurs.

Enfin, ils ont travaillé à la formation du globe tel que nous le voyons ; leurs carapaces accumulées pendant des siècles ont formé des couches immenses de sédiments, qui comblaient le fond des mers, et ce travail continue encore de nos jours au sein des océans.

Partout où il y a décomposition de matières organiques, il y a des infusoires. Le terreau de certaines localités en est presque entièrement formé, et on peut dire qu'ils ne sont pas étrangers à la préparation des aliments de l'homme.

Quel intérêt immense présentent, sous le rapport de la physiologie, des animaux transparents que leur extrême simplicité permet de regarder comme les premiers éléments de la vie.

En dehors de toutes ces raisons d'intérêt, n'y a-t-il pas dans cette étude l'attrait d'un véritable plaisir. La recherche de ces animaux ne peut-elle pas être comparée à la pêche ou à la chasse; il faut souvent aller chercher au loin certains infusoires qu'on ne rencontre que dans certaines localités.

Enfin, la curiosité est souvent amplement satisfaite par l'observation d'animaux dont les formes sont véritablement remarquables, et dont le développement a excité l'enthousiasme de tous les micrographes.

Je n'oublierai jamais l'impression profonde que j'éprouvai le jour, où pour la première fois, je fus à même d'observer d'une façon sérieuse les êtres microscopiques qui peuplent les eaux dormantes.

J'étais allé la veille au bois de Meudon, et là, à l'aide d'une petite éprouvette, j'avais recueilli sur les bords de l'étang, l'eau de la surface, quelques plantes et de la vase, que je versais à mesure dans un flacon à large ouverture.

Le tout, secoué pendant le voyage, formait à mon arrivée à Paris un affreux mélange trouble et verdâtre.

Je le laissai reposer pendant la nuit et le lendemain matin la vase était retombée au fond; des plantes légères étaient suspendues dans le liquide; l'eau était claire et limpide.

Un rayon de soleil frappait le bord du flacon, et à l'aide d'une loupe, j'aperçus du côté le plus éclairé une véritable fourmillière qui s'agitait.

A l'aide d'une baguette de verre, j'y puisai une goutte d'eau; je pris en même temps quelques filaments végétaux que je portai sur une lame de verre. Je recouvris la goutte d'eau d'une lame mince, pour empêcher l'évaporation, et je déposai le tout sur la platine du microscope.

Alors, non sans une certaine émotion, j'approchai mon œil de l'oculaire. Quelle ne fut pas ma surprise en voyant au milieu de tiges transparentes et vertes comme l'émeraude, toute une population d'êtres nouveaux pour moi, s'agitant dans tous les sens.

La première chose qui me frappa, ce fut leur transparence qui permet de voir leur organisation intérieure.

Et puis quelle variété de formes et de couleurs.

Il y en avait de ronds, d'ovales, d'allongés, de carrés, d'aplatis.

J'en vis qui avaient la forme d'un poisson, d'une trompette, d'une fleur qui s'ouvre et se ferme alternativement.

Un petit nombre changeaient de forme à chaque instant.

Les uns avaient la peau nue, les autres étaient couverts de cils; quelques-uns étaient armés de crochets ou bien recouverts d'une sorte de cuirasse.

Beaucoup avaient une bouche bien visible, dans laquelle

allaient s'engouffrer en tourbillonnant les matières suspendues dans le liquide.

Le plus grand nombre étaient incolores ou grisâtres ; mais il y en avait aussi d'un beau vert d'émeraude ou d'un jaune fauve. Les rouges, les violets, les bleus, me parurent plus rares.

Quelle animation dans tout ce petit monde ! De tout petits, presque imperceptibles, tremblottaient dans un espace fort restreint, tandis que de gros, tout velus, traversaient rapidement le champ du microscope.

Une foule de petits, ovoïdes, semblaient voltiger comme un essaim de mouches. Un globe sphérique garni de points verts roulait majestueusement, tandis que d'autres avançaient par saccades ou en marchant le long des plantes avec leurs poils, comme avec des pattes.

L'ensemble de tous ces êtres formait un spectacle dont je ne pouvais détacher mes yeux. Quand, à la fin, je vins à regarder la lame de verre sur laquelle reposait la goutte d'eau, il me sembla que je venais d'être le jouet d'un rêve, et qu'un monde fantastique et imaginaire n'avait fait que passer devant mes yeux.

Je remis plusieurs fois de nouvelles gouttes d'eau sur la lame de verre, et à chaque fois la scène variait.

Au bout de quelques jours, le plus grand nombre des animaux que j'avais vus au commencement étaient morts ou avaient disparu, et de nouveaux apparaissaient.

Bientôt, mon embarras devint grand; j'avais dessiné un grand nombre d'animaux; les matériaux s'accumulant, il me tardait de pouvoir les mettre en ordre.

J'eus alors recours aux livres spéciaux, surtout à celui de Dujardin, qui est certainement le plus complet et le mieux fait.

La première chose que je désirais savoir, c'était le nom des animaux que j'avais vus ; aussi je cherchai à rapprocher mes dessins de ceux des auteurs.

J'avoue que je fus un peu désappointé; les figures d'un animal qui devait être le même ne se ressemblaient guère.

J'en cherchai la raison, et cette recherche me démontra bientôt l'état de la science.

L'organisation de ces animaux étant encore peu connue, chacun interprète la nature à son point de vue. Les dessins et les descriptions d'organes varient suivant la théorie de chaque auteur.

Quant à la forme extérieure, chacun l'a prise exactement autant que cela a été possible, quand il faut saisir au passage les contours d'animaux dont les mouvements sont rapides, et puis la forme change à chaque instant, sous les yeux de l'observateur. Mais ce qui est plus grave, c'est qu'indépendamment des conditions d'âge, la forme subit de grandes modifications suivant la nature des préparations; modifications auxquelles la chaleur, la lumière et l'électricité sont loin d'être étrangères. Souvent l'animal qu'on a vu une première fois ne sera plus retrouvé avec la même forme, même pendant une longue suite de recherches.

Aussi nous nous bornerons dans la seconde partie de ce travail et à l'aide surtout de dessins, à donner les caractères essentiels de l'espèce, ceux qui la feront toujours reconnaître.

Nous ne pourrions être complet, cela est impossible; la vie d'un homme ne suffirait pas à vérifier toutes les espèces connues. Chacun, en cherchant un peu, est presque sûr de trouver du nouveau, et ce n'est pas là le moindre attrait de cette étude.

Nous avons adopté la classification de Dujardin. Elle est basée sur les appendices extérieurs, enveloppes et organes locomoteurs, caractères faciles à saisir et qui ont permis de former des groupes très-naturels.

Cependant, cette classification est loin d'être complète; il reste encore bien des groupes artificiels; la description de l'organisation intérieure laisse encore tant à désirer, qu'il y a dans cette étude un vaste champ ouvert aux chercheurs.

L'étude de ces animaux, dits *Infusoires,* et qu'on appelle aussi *Protozoaires* parce qu'ils sont placés au commencement de l'échelle animale, nous offrira l'occasion d'aborder quelques-unes des questions les plus importantes de la biologie.

FIN DE L'INTRODUCTION.

QUELQUES QUESTIONS GÉNÉRALES

Pour bien comprendre l'histoire des infusoires, il est nécessaire de commencer par aborder quelques questions de physiologie et d'histoire naturelle générales.

Lorsque, pour la première fois, on vient à jeter un coup-d'œil général sur l'ensemble des êtres organisés, on est frappé de la diversité et de l'immense variété de formes, de couleurs et de dimensions qui distinguent tous ces êtres.

Leurs apparences, leur manière d'être, sont si différentes et souvent si opposées, qu'on n'aperçoit entre eux, au premier abord, aucun point de ressemblance ou de rapprochement.

Mais, si on étudie ensuite avec soin, si on approfondit la structure de chacun de ces êtres, surtout à un moment rapproché de leur origine, on voit bien vite apparaître quelques analogies; puis, peu à peu, un nouveau point de vue se déroule, et bientôt la première impression s'effaçant, on entrevoit la possibilité de les rapporter tous à un même plan.

Toutes ces différences se confondent dans un résultat commun : LA VIE. Cherchons à analyser ce caractère.

Naître et *mourir*, telle est la condition de tout être vivant.

Se *développer* et se *reproduire*, telles sont les *propriétés* inhérentes à toute matière organisée; propriétés qui ont pour but la conservation de l'individu et celle de l'espèce.

Enfin un dernier caractère commun à tous les êtres vivants, c'est d'être en *relation active* avec le monde extérieur, auquel ils empruntent les matériaux nécessaires à leur existence.

De l'étendue, de la nature et de la diversité de ces rapports, qui constituent leurs *conditions d'existence*, dépendent les différences d'organisation et la plus ou moins grande complication de ces êtres.

Chez les plus complets, les propriétés de *nutrition*, de *reproduction* et de *relation* se centralisent, pour former autant de fonctions servies par des organes particuliers. Ces organes, dont la forme et la disposition varient à l'infini, se simplifient et se réduisent suivant le besoin, à mesure qu'on passe à des organismes plus simples; ils finissent même par disparaître tout-à-fait, quand ils sont devenus inutiles.

Un être a des rapports actifs limités au monde inorganique auquel il demeure fixé; il est plongé tout entier dans le milieu qui le fait vivre : d'un côté il emprunte à la terre, de l'autre à l'atmosphère, tous les éléments nécessaires à son entretien; ses aliments viennent le trouver. Il n'avait donc pas besoin d'organes spéciaux de relation :

C'EST LE VÉGÉTAL.

Mais, si l'être vivant a des rapports plus étendus; s'il ne trouve pas sa nourriture dans les éléments du milieu où il vit; s'il est obligé de chercher, de choisir ses aliments et d'aller à leur rencontre, il lui faudra des organes spéciaux de relation; organes des sens, organes de locomotion, en un mot :

CE SERA L'ANIMAL.

Ainsi la nutrition et la reproduction sont communes à ces deux classes d'êtres. La présence de fonctions et d'organes de relation (sensibilité et mouvement) sépare le règne animal du règne végétal, mais la transition est graduelle; il reste toujours dans le végétal de la sensibilité et du mouvement, sans qu'on puisse toutefois en saisir les organes.

Chacun de ces règnes est formé d'une longue série comparable à une immense chaîne, dont les anneaux vont toujours en décroissant et dont les extrémités, d'un côté fort éloignées, finissent, de l'autre, par se rapprocher et presque se confondre.

C'est dans le même milieu, dans les mêmes conditions d'existence que nous retrouvons les derniers représentants de chacun de ces deux règnes; aussi, entre ces plantes et ces animaux, les ressemblances sont souvent si grandes qu'il est quelquefois difficile de les distinguer.

Là, il y a pour ainsi dire échange ou fusion des caractères.

On y voit des plantes symétriques qui nagent librement et des animaux asymétriques fixés à une tige et ressemblant à des plantes. Les uns et les autres naissent spontanément. Ce sont donc des êtres placés, en apparence, en dehors des lois générales, et ce qui augmente encore leur étrangeté, c'est qu'ils sont pour la plupart invisibles à l'œil nu.

Il n'est donc pas étonnant qu'ils soient restés si longtemps inconnus et qu'ils aient encore le privilége d'exciter l'intérêt et la curiosité générale.

Dans l'état actuel de la science, il nous est impossible de dire quel est le but final de chaque être, sa mission; tout ce que nous savons, c'est que les conditions dans lesquelles il est destiné à vivre paraissent être la grande raison des différences d'organisation.

On pourrait ici se demander si ce ne sont pas ces conditions d'existence elles-mêmes qui modifient et transforment l'espèce.

Sans doute à travers les siècles, l'animal, placé dans des conditions diverses d'espace, de nourriture, de lumière, a pu être modifié dans sa forme, son développement, sa couleur; mais les caractères qui forment l'espèce persistent; l'organisation reste la même, et si les conditions d'existence deviennent incompatibles avec cette organisation, l'espèce meurt et elle est remplacée par une autre qui ne procède pas de la première.

On cite, il est vrai, l'exemple de canards qui vivent dans des cavernes et qui n'ont pas d'yeux; d'araignées qui habitent des grottes obscures et qui sont aveugles; on peut admettre qu'avec le temps, les organes se sont atrophiés, parce qu'ils étaient devenus inutiles; mais l'expérience directe manque; on ne sait pas si ces animaux, ramenés à la lumière, auraient donné naissance à des individus aveugles.

J'ai tenté quelques expériences sur l'influence des

conditions sur le développement. Tout le monde sait que la culture modifie les plantes et les animaux; mais voici une expérience directe qu'on peut répéter facilement et qui ne demande pas une observation trop prolongée.

La grenouille est le seul des vertèbres qui subisse une métamorphose importante, qui s'accomplit en peu de temps.

Au mois de mars, j'ai placé, dans un aquarium contenant une douzaine de litres d'eau, quelques plantes aquatiques vivantes et de petits crustacés, et exposé au soleil, j'ai placé, dis-je, des œufs de grenouilles, qui sont éclos quelques jours après. Les petits têtards ont bientôt pris leur essor et au bout d'un mois la transformation était opérée; mais l'espèce est restée très-petite.

Une partie de ces mêmes œufs ont été placés dans un vase étroit contenant à peine 2 litres d'eau, avec quelques Lemna, et dans une pièce sombre. L'éclosion s'est fait attendre plus d'un mois; les petits têtards ont grossi très-lentement, aucun ne s'est transformé, beaucoup sont morts, et ceux qui vivaient encore à la fin de juillet étaient restés petits, quoique bien portants; mais ils n'avaient pas la moindre apparence de pattes. C'est là un exemple d'arrêt de développement; mais je ne pense pas qu'on puisse dire que ce soit là une image de l'état antérieur de la grenouille; il est probable que cet animal est toujours passé par ces transformations et qu'il n'a jamais vécu comme espèce, se reproduisant, à l'état de têtard; pas plus que le reptile n'a eu pour antécédent le poisson, pas plus que le mammifère n'a procédé du reptile.

Chaque espèce a paru à son temps sur le globe, par le fait d'une spontéparité, au moment où son existence devenait possible.

Ainsi tout ce que nous pouvons savoir, c'est qu'il y a un rapport constant entre l'organisation d'un animal et ses conditions d'existence.

L'animal le plus complet est celui dont les relations sont le plus variées, dont les rapports sont le plus étendus, dont la nourriture comporte le plus grand nombre de substances.

Il vit sous tous les climats, il est par ses besoins en contact avec tous les autres êtres, et enfin, caractère qui lui est tout-à-fait spécial, il est en relation par la tradition écrite ou parlée avec ses ancêtres et sa postérité. Nous pouvons donc le regarder comme le type le plus parfait, dont tous les autres ne seront qu'un diminutif ou une simplification.

Ses fonctions sont toutes servies par des organes spéciaux, qui se rattachent à un centre ; le travail est très-divisé, et les tissus sont variés et nombreux :

C'EST L'HOMME.

A mesure qu'on s'éloigne de ce type, on voit les organes se simplifier, diminuer de nombre et d'importance; le travail est de moins en moins divisé; les tissus disparaissent l'un après l'autre, et on arrive ainsi à la dernière limite de l'animalité, représentée par une *seule substance* tenant lieu de *tous les organes* et chargée de *toutes les fonctions*.

Si l'on examine les conditions d'existence de l'animal ainsi réduit, on comprendra facilement cette simplicité d'organisation. En effet, il vit dans l'eau, contenant les produits de la décomposition des matières organiques, dans une infusion en un mot.

Il est donc plongé dans un milieu tout plein de sa nourriture, il se rapproche de la plante :

C'EST L'INFUSOIRE.

Nous venons de dire que les conditions d'existence paraissaient être la grande raison des différences d'organisation des êtres vivants.

Pour arriver à un but unique, *la vie*, la nature a suivi un plan unique aussi, mais elle en a varié les détails sous mille formes, selon les besoins.

L'étude de ces variations dans les séries des êtres présente le plus grand intérêt, mais nous n'avons à nous occuper que des animaux les plus petits et les plus simples, vivant dans les conditions les plus restreintes d'espace et de nourriture.

Ici, cependant, se place, tout en commençant, une question très-importante et qui se rattache à l'histoire naturelle générale, et comme ce sont surtout les organismes inférieurs qui peuvent aider à la résoudre, on nous permettra d'en dire quelques mots. Ce sera en même temps une occasion d'expliquer le matérialisme mitigé de quelques savants modernes.

Existe-t-il dans chaque animal un principe vital, immatériel, unique, indivisible, individuel par conséquent, indépendant de la matière, auquel sont dus les principaux phénomènes vitaux ?

Il est bien entendu que nous mettons tout-à-fait à part les phénomènes intellectuels ; l'intelligence du plus infime des êtres est en dehors de cette question.

Lorsqu'on observe un animal supérieur, l'existence d'un principe vital individuel semble indubitable ; mais si on considère la plante, ou un animal inférieur, de ceux par exemple qui se rapprochent de la plante, cette croyance s'ébranle.

On peut couper à certains arbres un nombre indéterminé de branches qui toutes, plantées, vont continuer à vivre. Un bourgeon transporté sur une plante de la même espèce ou d'une espèce voisine continuera à vivre de la vie commune, tout en conservant ses caractères particuliers.

Un grand nombre d'infusoires peuvent être séparés en deux ou plusieurs parties, et chacune de ces parties continue à vivre librement.

Deux parties d'animaux de la même espèce peuvent se confondre et ne plus former qu'un même infusoire.

Le même phénomène s'observe dans le polype d'eau douce qu'il est facile d'étudier à l'œil nu. Si on coupe un de ses tentacules, il repousse. Si on sépare l'animal en plusieurs tronçons, chacun de ses tronçons verra pousser des tentacules et deviendra, au bout de quelques jours, un animal complet.

Deux moitiés appartenant à des polypes différents pourront se réunir pour former un seul et même animal.

Enfin, à ce qu'assure Jœger, les éléments de ce polype désagrégé par dialyse, peuvent vivre isolés pendant des mois entiers et reproduire ensuite l'animal primitif.

Remontons l'échelle animale; la patte du crustacé, brisée ou perdue, ne repousse-t-elle pas de toute pièce.

Prenons la larve d'un animal vertébré, le têtard. Coupé en deux, il produira deux têtards complets, qui deviendront ensuite deux grenouilles.

Remontons encore. Les mammifères eux-mêmes nous fourniront un exemple de cette divisibilité, quoique dans des limites plus restreintes.

La queue d'un rat vivant peut être séparée et implantée dans le museau d'un autre rat.

M. Paul Bert a introduit avec succès sous la peau d'un rat la patte d'un autre rat, amputé depuis vingt-deux heures; cette patte a continué à grandir, et les nerfs se sont régénérés.

Chez l'homme enfin, placé au sommet de l'échelle, on retrouve encore le même phénomène.

L'extrémité du nez, le lobule de l'oreille, le bout du doigt peuvent être séparés pendant plusieurs heures et reprendre ensuite. Il en est de même des dents transplantées d'un individu à l'autre, et des lambeaux de peau qu'on emprunte quelquefois à un autre sujet pour réparer des pertes de substance; il faut dire cependant que dans ce dernier cas, la séparation du lambeau n'est pas complète; mais enfin, c'est la peau d'un autre individu. La transfusion du sang est un phénomène du même ordre.

Eh bien! dans tous ces cas, il est indubitable que chacune des parties séparées conservait une vitalité qui lui était commune avec tout l'être.

Il y a donc dans tout être vivant des propriétés inhérentes à la matière organisée, répandues dans tout l'être; on les a appelées propriétés vitales (nutrition, reproduction).

Dans la plante et l'animal inférieur, ces propriétés vitales sont distribuées uniformément; mais à mesure qu'on remonte l'échelle animale, tout se localise, *se centralise*, et ce n'est plus qu'aux extrémités, à la périphérie ou dans l'animal en voie de formation qu'on retrouve ces propriétés vitales communes.

Dans son acception la plus large, la VIE serait donc la manifestation des propriétés inhérentes à la matière organisée, placée dans les conditions voulues *d'air, de chaleur et d'humidité.*

Cette définition est loin d'être complète et exacte ; en effet, la vie peut rester à l'état latent, comme dans l'œuf et surtout dans la graine, pendant un temps assez long.

On a vu du blé enfoui, pendant des siècles, dans les tombeaux des rois d'Égypte et ayant encore conservé la faculté de germer. On a vu des rotifères et des tartigrades des gouttières, restés dans un état de dessiccation apparente depuis plusieurs mois, des rotifères chauffés à la température sèche de 100 degrés, puis plongés dans un mélange réfrigérant, des chenilles soumises à un froid de 18 degrés (N. Joly), des crapauds congelés (Geoff. Saint-Hilaire) ; on a vu, dis-je, tous ces animaux reprendre leurs mouvements quand on les replaçait dans leurs conditions normales.

Comment définir la vie dans tous ces cas?

Si maintenant nous rapprochons de ces organismes engourdis certaines substances, telles que l'albumine, la fibrine, la caséine, substances *protéiques* qui entrent très-vite dans les combinaisons vivantes, nous serons bien tentés de croire qu'elles ont conservé quelque chose des propriétés vitales.

De là à la génération spontanée, il n'y aurait pas bien loin.

Et cependant, il faut bien l'avouer, quand même la matière organisée conserverait ses propriétés vitales jusqu'au moment de sa décomposition en éléments chimiques, il y a quelque chose que ces propriétés vitales seraient impuissantes à expliquer, quelque chose qui domine toute la nature vivante ; une question de *limites*, c'est la *forme* et la *durée*.

C'est là le point le plus embarrassant de la génération spontanée.

La forme, la durée, indiquent une intention, un but, une mission, que les propriétés vitales communes et les conditions d'existence ne peuvent expliquer. L'animal, une fois né et abandonné à ces propriétés, devrait s'accroître et durer éternellement, sa mort ne devrait être qu'un accident. C'est là qu'apparaît visiblement l'intervention d'une volonté intelligente. L'empreinte de cette volonté, c'est ce que nous appelons l'esprit, quelque chose d'indéfinissable, mais que nous sentons bien n'être pas la matière ; quelque chose au contraire qui, dans toute la nature, semble être en lutte perpétuelle avec la matière qu'il anime, qu'il transforme, et à laquelle il donne l'ébranlement vital.

Arrêtons-nous un instant sur ces deux caractères, *forme* et *durée*, et nous verrons qu'il existe un rapport entre eux et la matière, et que l'importance de ces caractères suit une progression inverse, à mesure que dans la lutte l'esprit est arrivé à dominer de plus en plus la matière.

Nous entendons ici par forme, non pas l'ensemble des lignes et des surfaces qui limitent l'objet, mais le moule abstrait dans lequel les matériaux peuvent se renouveler sans cesse, sans que pour cela l'être perde ses caractères extérieurs.

Là où la forme persiste, la matière, sans cesse renouvelée, perd de son importance et son caractère de durée ; là aussi l'esprit domine.

De la plante à l'homme, cette progression est frappante, et c'est une des raisons qui peuvent vous faire croire à l'existence d'un esprit absolu sans matière.

Voyez le végétal, l'être organisé le plus simple, celui dans lequel les propriétés vitales sont le plus uniformément répandues et où elles semblent le plus abandonnées à elles-mêmes.

Il y a des arbres dont on peut faire remonter l'origine à 6,000 ans et qui semblent devoir vivre éternellement. Les matériaux qui le composent s'accumulant sans cesse du centre à la circonférence, on trouvera au cœur de l'arbre la matière fixée par ses premières feuilles; depuis 6,000 ans rien ne s'est renouvelé; un nombre indéfini de couches est venu augmenter sans cesse le volume, et la forme primitive a disparu sous le poids de la matière. Il y a eu assimilation toujours et désassimilation presque jamais.

Mais voyez l'animal supérieur, l'homme surtout qui a la conscience et le souvenir de son individualité. Au bout d'un certain nombre d'années, tous les matériaux sont renouvelés, rien de ce qui le compose n'est stable, et cependant c'est bien le même individu. Les propriétés vitales seules ne peuvent rendre compte de cette persistance dans la forme.

Dans les animaux inférieurs, les Infusoires surtout, qui nous occupent ici, l'assimilation est constante; mais la désassimilation n'est plus évidente, aucun organe n'en est chargé; la matière peut être regardée comme persistante. L'accroissement est rapide, et souvent la reproduction se fait par bourgeons ou par la séparation de l'animal. On sent qu'on n'est pas encore loin de la plante.

Essayons de lire rapidement l'histoire de cette lutte entre l'esprit et la matière; elle est écrite dans l'écorce du globe en caractères ineffaçables, que la géologie nous a permis de déchiffrer.

Nous verrons quelle suite de siècles et quel travail colossal il a fallu pour que la terre devînt habitable à l'homme.

Pour arriver jusqu'aux animaux supérieurs et jusqu'à l'homme, la matière a dû *nécessairement* passer par toute la série des êtres, et sans doute quelques-uns des éléments qui battent avec notre cœur et qui servent à l'expression de notre pensée ont assisté à ces premières transformations.

Matière inerte d'abord, jouissant seulement de propriétés communes et générales, étendue, impénétrabilité, pesanteur, elle a commencé par former les corps minéraux, doués chacun de certaines propriétés physiques et chimiques, variant de volume et de densité ; puis, sous l'influence d'une volonté toute puissante, certains éléments minéraux se sont combinés pour former les éléments organiques, réunis et groupés d'une certaine façon et sous des formes diverses, et la matière organisée, placée dans des conditions spéciales de chaleur, de lumière et d'humidité, a commencé à jouir de ses propriétés.

La première de ses propriétés, la nutrition, n'a pu s'exercer d'abord qu'aux dépens du monde minéral, les seuls éléments dont elle pût disposer pour son alimentation.

Le premier être vivant a donc été le végétal, le seul encore qui puisse s'assimiler directement la matière minérale, végétal vivant dans l'eau et sans racines, puisqu'il n'y avait pas de sol.

Peu à peu, le milieu s'est modifié ; sous l'influence de la nutrition des plantes, une masse de matériaux passait de l'état minéral inerte à l'état de matière organique.

Les conditions changeant, un nouvel être pouvait venir qui trouverait des aliments d'un ordre plus élevé, des aliments organiques, et l'animal apparut, vivant comme les végétaux primitifs au sein de l'eau; à mesure que les cadavres se déposaient au fond des bassins des mers, un sol se formait, un véritable humus s'exhaussant sans cesse et qu'un mouvement de l'écorce du globe devait bientôt porter à la lumière du jour. Alors le monde végétal terrestre apparut, puisant par ses racines les éléments solubles du sol et absorbant par son feuillage l'acide carbonique dont il emmagasina le charbon en rendant à l'air l'oxygène. Bientôt l'air devenant respirable, de nombreux animaux prirent naissance : les uns, doux et tranquilles, paissant l'herbe des prairies; les autres, féroces et sanguinaires, dévorant les plus faibles.

La place était prête, l'homme pouvait venir, et il parut.

Ce même travail, cette même lutte, ces transformations se passent tous les jours sous nos yeux.

Pour entretenir la vie de l'homme, combien d'animaux herbivores sacrifiés chaque jour. Pour produire ces animaux, il a fallu une immense étendue de terrain couvert d'herbages. Mais l'herbe a besoin, pour pousser, de terre végétale, et cette terre végétale elle-même n'est formée que des débris de nombreuses générations d'êtres végétaux et animaux, dont le plus grand nombre étaient microscopiques; le terreau, dans certaines contrées, est composé presque uniquement de débris d'infusoires, et de nos jours les matériaux qui engraissent nos champs sont continuellement élaborés, divisés, préparés, par des armées de ces ouvriers invisibles dont les cadavres augmentent encore la richesse de notre sol.

Ainsi, à chaque instant du jour et de la nuit, car son travail est incessant, l'infusoire est occupé à préparer ce qui devra être un jour la nourriture de l'homme.

Maintenant que nous connaissons la place et l'importance des infusoires, nous pouvons entrer dans l'étude plus spéciale de leur organisation.

ÉLÉMENTS ANATOMIQUES & PHYSIOLOGIE

Les éléments anatomiques des infusoires sont extrêmement simples. Tous ces animaux sont formés d'une substance gélatineuse transparente, sans apparence d'organisation, qu'on observe dans toute la série sous diverses formes. C'est cette substance que Dujardin a si bien étudiée et décrite sous le nom de Sarcode. L'amibe en est le type, sans enveloppe, sans appendice, sans forme.

Dans l'actynophrys, les expansions du sarcode ont déjà plus de consistance. Dans les ciliés, il semble que la surface de ce sarcode se raffermisse pour former une enveloppe. Les appendices eux-mêmes, cils, crochets, sont formés de cette même substance. Au milieu de l'animal se trouvent quelques grains un peu plus consistants et plus lents à se dissoudre après la mort de l'animal. La nature et l'usage de ces granulations sont encore complétement inconnus.

Le second élément anatomique est l'enveloppe dure, cassante, friable des Rhizopodes, des Thécammadiens, des Vaginicoles; on peut la comparer aux squelettes extérieurs des Mollusques. On peut en rapprocher les tubes dans lesquels vivent temporairement quelques Trachéliens.

Au nombre des éléments anatomiques, on peut placer aussi les points rouges oculiformes qu'on rencontre souvent et dont la nature et l'usage nous sont complétement inconnus.

Enfin, un liquide est sans doute contenu dans les vésicules contractiles, mais personne n'a songé encore à isoler ce liquide sanguin, ni les vaisseaux qui le contiennent.

Y a-t-il dans l'infusoire des fibres musculaires?

On n'en voit pas l'apparence dans le plus grand nombre de ces animaux, et cependant les organes de locomotion sont mus souvent avec une rapidité énorme.

Le pédicule contractile des vorticelles présente une bande qu'on pourrait à la rigueur comparer à un muscle, mais on n'y voit aucune strie, ni rien qui différencie cette bande du reste de la substance de l'animal. On peut en dire autant du cordon intérieur du stentor.

Quant à des nerfs, il n'y en a pas de traces.

Peut-être faut-il compter parmi les éléments anatomiques le liquide contenu dans les vésicules contractiles, mais il ne contient pas de globules ni rien qui puisse le distinguer de l'eau.

Il faut donc rapporter au sarcode toutes les propriétés de nutrition, de contractilité et de reproduction.

Nutrition.

Dans les animaux supérieurs, la nutrition se compose de trois fonctions :

DIGESTION.
CIRCULATION.
RESPIRATION.

Nous retrouvons dans les infusoires l'ébauche, pour

ainsi dire, de ces fonctions et les derniers éléments des organes. La fonction et l'organe sont réduits à l'élément le plus indispensable.

Ainsi, dans la digestion, le point le plus important en dernière analyse, c'est l'absorption.

L'animal supérieur choisit son aliment, le broie, l'avale, le digère et l'absorbe; il a une bouche, des mâchoires, un œsophage, un estomac, un intestin et un orifice terminal par lequel il rejette ce qui n'a pu être assimilé.

Dans l'infusoire le plus simple, une seule substance souvent informe absorbe les matériaux liquides qui l'entourent.

Les plus parfaits ont une bouche suivie d'un très-court œsophage. Quelquefois cette bouche est entourée d'un petit faisceau de baguettes qui paraissent dures, mais qu'on ne peut appeler des dents.

Jamais il n'y a d'anus; les matières qui n'ont pu être assimilées sont rejetées par la bouche après avoir fait le tour de l'animal. Les aliments s'accumulent sans aucun choix dans l'intérieur de l'animal; ce phénomène est facile à observer en mélangeant à l'eau un peu de matière colorante en poudre, du carmin ou de l'indigo. Y a-t-il un estomac simple ou des estomacs multiples disséminés dans la substance de l'animal et pouvant être regardés comme des centres d'absorption disposés de place en place?

Dujardin pensait que les estomacs se formaient à même la substance de l'animal et au fur et à mesure que les aliments sont poussés par le courant.

Ehremberg croyait à l'existence d'un système digestif compliqué, formé d'un certain nombre d'estomacs reliés entre eux par de petits canaux; M. Pouchet partage un peu cette opinion.

Mais ces canaux sont complétement invisibles, et les granulations qu'on décrit comme des estomacs paraissent libres et mobiles; de plus, certains infusoires avalent des plantes quelquefois assez longues et aussi des œufs et d'autres infusoires bien plus gros que ces granulations; il est donc peu probable que ce soient là des estomacs, et l'opinion de Dujardin me paraît être encore la plus acceptable.

La simplicité de l'animal est en rapport avec celle de l'aliment.

La bacterie, la monade apparaissent dans un liquide tenant en solution une très-petite quantité de substance, tandis qu'il faut aux infusoires ciliés une nourriture plus complexe, plus animalisée, et plusieurs mêmes avalent d'autres infusoires vivants.

Circulation.

Pendant longtemps, on a pensé que les infusoires étaient dépourvus d'organes de circulation; on connaissait dans presque tous, une ou plusieurs vésicules claires, qui se contractent à des intervalles égaux et qu'on appelle vésicules contractiles. Ehremberg les regardait comme des organes d'éjaculation. Dujardin les a étudiées; il les croyait remplies d'eau. M. Pouchet, le premier, a comparé ces vésicules à des cœurs.

Ces vésicules, visibles dans l'œuf, se contractent avant la naissance de l'animal; mais on ne voit pas comment le liquide contenu dans ces vésicules peut se répandre dans la substance de l'animal.

Chez presque tous, cette vésicule est ronde; mais chez quelques paramécies, il y a deux vésicules en forme d'étoiles qui se contractent alternativement.

Respiration.

Cette fonction est encore plus obscure que la précédente.

On est certain que les infusoires ont besoin d'air pour vivre, puisqu'ils meurent quand on les en prive, mais on ne peut faire encore que des suppositions sur l'existence des organes qui servent à la respiration.

On sait que dans les animaux supérieurs, le dernier élément de l'organe pulmonaire est une membrane recouverte de cils vibratiles, les organes de la respiration des animaux qui vivent dans l'eau sont également garnis de cils, et toute la surface de certains animaux qui subissent des métamorphoses, le têtard par exemple, est garnie de cils avant le développement des branchies.

On est donc en droit de supposer que les cils vibrutiles qui servent à faire mouvoir l'animal sont en même temps des organes de respiration.

Dans les plus élevés de la série, on voit après la bouche une petite étendue de conduit, garnie de cils plus fins et qui vibrent avec une grande rapidité, lors même que l'animal est au repos.

Dans la paramécie, cette portion de conduit se confond avec le pharynx; chez la vorticelle, il est plus long et paraît plus distinct, et M. Pouchet n'hésite pas à le considérer comme un organe respiratoire.

Sens.

On peut dire d'une façon générale que tous les sens sont une modification du tact. La vue, l'odorat, le goût, l'ouïe, sont des manières d'être impressionné par le contact de la lumière, des vapeurs et des ondes sonores; les nerfs qui servent à ces diverses formes de la sensibilité ont seulement une autre disposition, voilà tout; quant à l'observation directe, elle ne nous permet pas d'apprécier les différences des nerfs de chacun de ces organes.

Nous avons bien peu de chose à dire sur les sens des infusoires. Tout ce qu'on peut assurer, c'est que la plupart sont sensibles à la lumière, et que dans les vases transparents, ils se dirigent en général vers les points les plus éclairés. Quelques-uns sont munis à leur partie antérieure d'un point rouge, que M. Ehremberg regarde comme un œil; mais c'est là une simple supposition. Ce point rouge, qu'on trouve surtout sur les jeunes, disparaît souvent quand l'animal est parvenu à son entier développement.

Quant à l'ouïe, à l'odorat, au goût, il est fort probable qu'ils en sont complétement dépourvus; on trouve en général les infusoires groupés autour des fragments de matière organique qui leur fournissent des aliments; mais il est difficile de dire s'ils y ont été attirés par l'odeur, car c'est justement au milieu de ces amas de matières qu'ils ont pris naissance.

Quant au toucher, on n'en peut nier l'existence, car tous se contractent ou se retirent rapidement quand ils viennent à rencontrer un obstacle.

Locomotion.

C'est là une des fonctions les plus actives des infusoires. La plupart sont continuellement en mouvement la nuit et le jour, et quelques-uns s'agitent avec une telle rapidité qu'il est presque impossible de les suivre.

Les organes de la locomotion sont de plusieurs sortes; de leur variété, de leur nombre et de leur mode d'insertion, résultent des mouvements très-divers qui donnent à chaque animal une allure qui est souvent très-précieuse à connaître pour le distinguer.

Quelques-uns sont complétement dépourvus d'organes locomoteurs. Les vibrioniens, par exemple, s'avancent et reculent dans le liquide sans qu'on puisse expliquer ce mouvement; d'autres, dépourvus aussi d'organes spéciaux, rampent en s'agglutinant aux objets (amibes rhizopodes).

Le plus simple des organes locomoteurs est le filament fin des monadiens, qui se meut avec une grande rapidité en ondulant.

Viennent ensuite les cils vibratiles, ordinairement très-déliés, également fins partout et qui vibrent rapidement.

Les cirrhes sont plus raides, plus gros et plus larges à la base. Les moustaches ressemblent à de gros poils, elles entourent la bouche d'un certain nombre de gros infusoires.

Les crochets sont encore plus gros que les cirrhes, plus irréguliers; ils sont mobiles, et servent de pattes pour marcher.

Enfin, on peut considérer comme des organes de locomotion le pédicule contractile des vorticelles, et le cordon du stentor, qu'on peut comparer à un muscle. Tous ces appendices sont formés de la même substance que l'animal.

Nous avons dit, en parlant de la respiration, que probablement les organes de locomotion servaient en même temps à la respiration. Les rapports de ces deux fonctions peuvent être suivis dans toute la série.

On en trouve la démonstration dans la résistance au vide.

Les Bacteries et les vibrions se meuvent dans un espace très-limité ; ils n'ont pas d'organes locomoteurs ; il résistent au vide plus que tous les autres infusoires, et ils vivent encore, quand tous les autres sont morts, dans un liquide désoxygéné et infecte, contenant du gaz sulfhydrique.

Après eux viennent les monadiens qui ont déjà un organe de locomotion particulier et qui franchissent de plus grands espaces.

Les infusoires ciliés meurent les premiers dans le vide et dans un liquide chargé de gaz sulfhydrique. Ils changent de place souvent et rapidement, ils ont des organes de locomotion nombreux et puissants.

Enfin, disons que les vorticelliens qui paraissent avoir le plus besoin d'oxygène sont aussi ceux dont les mouvements sont le plus variés, et citons cette particularité qu'ils se fixent souvent aux petits crustacés, aux entomostracés, qui les transportent avec eux à de grandes distances.

Reproduction.

L'homme voit la perfection de la science dans l'unité. La nature y arrive sans doute, mais par des moyens dont nous ne saisissons pas toujours les rapports communs. C'est le plus souvent en voulant généraliser et conclure par analogie qu'on tombe dans l'erreur. Haller avait dit : *omne vivum ex ovo*. Des découvertes récentes ont démontré, en effet, que dans la grande majorité des cas, l'animal commence par un œuf, l'homme et tous les mammifères commencent ainsi, mais ce n'est pas le seul procédé employé par la nature.

Ainsi, les polypes d'eau douce se reproduisent par bourgeonnement.

Les poulpes présentent le curieux phénomène de la génération alternante.

Il ne faut donc pas mettre dans l'ombre et dans l'oubli les nombreuses exceptions.

M. Robin, après Haller, avait dit :

Omne vivum ex vivo.

Ce qui embrasse un bien plus grand nombre de cas, mais ce qui n'est pas encore exact comme nous allons le voir en étudiant la génération spontanée des infusoires, qui apparaissent au milieu de la matière morte et pour lesquels on serait en droit de dire :

Omne vivum ex mortuo.

Les infusoires n'ont pas d'organes sexuels.

Ehremberg a voulu voir dans les granulations de l'infusoire de véritables œufs, et dans la vésicule contractile un organe d'éjaculation; mais ce sont de simples vues de l'esprit, sans aucun fondement sérieux.

L'infusoire peut-il se reproduire par la génération normale, par l'accouplement?

Je n'ai jamais été à même de l'observer. Il me paraît difficile d'expliquer l'accouplement d'animaux qui n'ont pas d'organes sexuels. Mais je ne voudrais pas le nier d'une façon absolue, parce que je sais que certains animaux, qui sont nés en dehors de la génération normale, peuvent acquérir la faculté de se reproduire au moyen d'œufs pondus. — Les polypes d'eau douce, les anguillules de la colle de farine, les systolidiens, etc., sont dans ce cas.

Ce mode de reproduction n'a été vu que par quelques observateurs; il a été étudié surtout par M. Balbiani.

Il est assez rare; il n'a été observé que sur certaines espèces. Chez la paramécie, cet accouplement serait de cinq jours, et les œufs normaux n'apparaîtraient qu'après cinq autres jours.

M. Pouchet assure avoir vu dans plusieurs kolpodes des œufs dans lesquels on pouvait voir les mouvements du ponctum saliens. A-t-il vu pondre ces œufs, les a-t-il vu éclore? c'est ce qu'il ne dit pas.

J'ai vu aussi des kerones de grande taille contenant des œufs, mais ce n'étaient pas leurs œufs, c'étaient des œufs de vorticelles avalés.

Pour moi, la question est encore fort douteuse.

L'existence d'œufs normaux, d'ailleurs, n'entraîne pas la nécessité d'un accouplement. Quoi qu'il en soit, les moyens de reproduction des infusoires sont encore assez nombreux.

La génération des infusoires est, pour ainsi dire, le résumé de tous les modes de génération.

L'infusoire peut se reproduire par :

1° Scissiparité;

2° Bourgeonnement;

3° Emboîtement des germes;

4° Génération spontanée.

1° Scissiparité.

C'est sur le stentor qu'on peut observer le plus facilement ce mode de génération qui est commun à plusieurs familles, mais qui cependant n'est pas fréquent.

Voici comment ce phénomène se produit. Sur le stentor arrivé à son complet développement (fig. 1, *a*), on voit une seconde couronne de cils apparaître à la partie moyenne et en même temps une seconde bouche se dessine.

Bientôt un étranglement se produit au milieu de l'animal (fig. 1, *b*).

Fig. 1.

Cet étranglement se prononce de plus en plus, jusqu'à ce que les deux parties de l'infusoire n'étant plus retenues que par un lambeau, elles se séparent (fig. 1, *c*), et alors deux animaux parfaits vivent librement.

Fig. 2.

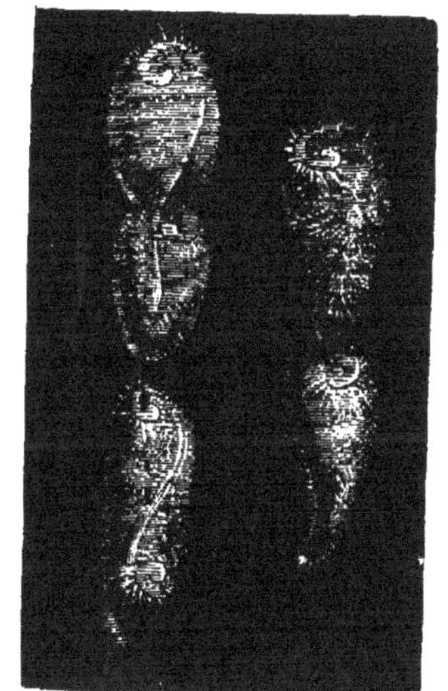

Sur le keronien, tel que l'oxythrique (fig. 2, *b*) et la paramécie, la scission se fait d'une façon analogue. Quelques cils indiquent l'apparition prochaine d'une bouche (fig. 2, *a*); un sillon se produit à la partie moyenne (fig. 2, *b*), et l'animal finit par se couper en deux tronçons qui vivent séparément. C'est la scission transversale.

Quelquefois la séparation se fait dans le sens de la longueur (fig. 2, *d*).

Il faut dire que c'est là un mode de reproduction exceptionnel, et qui ne pourrait rendre compte de l'immense quantité d'animaux qui apparaissent presque à la fois dans une infusion.

Rarement on rencontre des individus en voie de sectionnement, mais dans plusieurs cas, le phénomène a été suivi si nettement qu'il est impossible de le regarder comme un accident et encore moins de le confondre avec un accouplement.

D'ailleurs, *l'apparition préalable de la seconde bouche* en est la preuve irrécusable.

2° Bourgeonnement.

Un tubercule se développe sur le corps de l'animal, et une fois arrivé à un certain développement, il se détache de la mère (fig. 3).

Fig. 3.

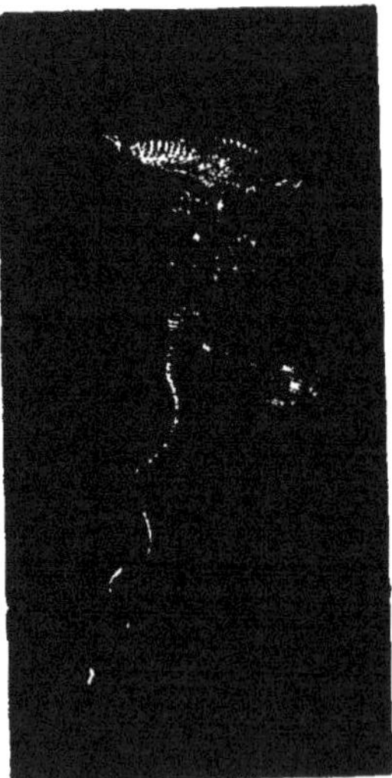

Ce mode de reproduction, assez rare, s'observe le plus ordinairement sur les vorticelles.

On peut rapprocher de ce phénomène la reproduction par déchirure ou arrachement, qui s'observe assez fréquemment chez les Kerones.

3° Emboitement des germes.

Ce mode de reproduction, particulier à la famille des volvociens, avait servi à Bonnet et à Spallantzani à fonder une théorie générale de reproduction qui a été ruinée par les expériences de Flourens sur ce métissage.

Fig. 4.

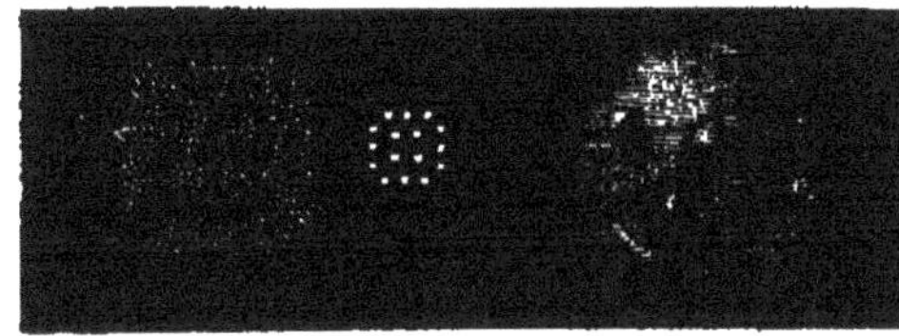

L'animal de forme régulière (fig. 4, *a*), contient sous une enveloppe commune plusieurs corpuscules qui, arrivés à leur maturité (fig. 4, *a'*), quittent la mère dont ils ont la forme, et contiennent déjà à leur naissance la génération qui doit suivre; le phénomène est très-intéressant et très-facile à observer sur le volvox globator.

Le gonium (fig. 4, *b*), qui appartient à la même famille et qui est composé de 16 individus contenus sous la même enveloppe, se reproduit par la dissociation de ces 16 parties, dont chacune (fig. 4, *c*) contient en germe 16 autres petits individus.

4° Génération spontanée.

Naître spontanément veut dire naître sans parents, et pas autre chose.

Il n'entre pas dans notre plan d'aborder la question philosophique de la création unique ou des créations successives.

Ce que nous allons dire de l'apparition des infusoires est le fond même de notre conviction, et je le crois, l'exposition de faits acquis à la science.

La génération spontanée est maintenant démontrée d'une façon indubitable.

Ce n'en est pas moins un fait inexplicable.

Ce mode de génération maintenant particulier aux animaux inférieurs, a-t-il été uniquement leur partage?

Les animaux supérieurs qui ont paru successivement sur le globe ont-ils été créés de toute pièce, à l'état adulte?

Ils sont nés sans parents, évidemment, et c'est ce qu'on entend quand on dit que les animaux sont apparus spontanément sur le globe.

Mais comment?

La réponse la plus sage est de dire : — Je ne sais pas. Or, dans le cas présent : je ne sais pas, ou c'est Dieu qui les a créés, sont bien près d'avoir la même signification.

En raisonnant par analogie, d'après ce qui se passe chez les infusoires, où l'on voit l'animal commencer par un œuf spontané, et en poussant la génération spontanée jusqu'à ses dernières limites, on pourrait comprendre à la rigueur que des plantes et des animaux qui vivent seuls dès leur naissance puissent naître spontanément; un poisson, par exemple, dont l'œuf éclot au soleil, trouve le moyen de vivre seul dans son milieu; un poulet même, sortant de sa coquille, se suffit également.

Mais les animaux qui ont besoin d'une mère, d'une nourriture spéciale, ceux qui ont besoin d'être allaités, il faut bien avouer que leur apparition est inexplicable; il faudrait alors admettre qu'ils ont subi une longue suite de transformations et qu'ils ont pu se suffire au début; or, rien dans la science n'autorise une semblable croyance.

D'ailleurs, dans la génération spontanée des infusoires, dans l'œuf qui apparaît spontanément, dans la bacterie le plus simple des êtres et qu'on voit naître sous ses yeux au sein d'un liquide transparent, il y a un point insaisissable; il y a entre la matière morte et la matière organisée un pas infranchissable et qui fait de l'origine de la vie un problème insoluble.

Le mode de production des infusoires le plus remarquable et le plus fréquent est la génération spontanée, c'est-à-dire que, dans la grande majorité des cas, les infusoires naissent *sans parents*; et ce qu'il y a de plus frappant, c'est que, dans ce cas, ils procèdent d'un œuf qui n'a pas été pondu, d'*un œuf spontané*.

C'est là assurément le point le plus intéressant de l'étude des infusoires; c'est aussi celui qui a fait naître le plus de recherches et de travaux.

A M. Pouchet de Rouen revient l'honneur d'avoir démontré d'une façon péremptoire l'existence de la génération spontanée.

On ne peut plus dire qu'on croit ou qu'on ne croit pas à la génération spontanée. C'est maintenant une question de faits.

M. Pouchet a eu tort de traiter de roman la scissiparité et d'admettre comme démontré l'accouplement; mais il faut lui rendre cette justice qu'il a établi d'une façon indubitable et expérimentalement tous les phénomènes successifs de la génération spontanée. Le premier il a décrit les différentes espèces de membranes proligères; il a précisé les conditions dans lesquelles apparaissent les infusoires ciliés, et il a donné une description très-nette de l'œuf spontané. Nous avons fait de fréquents emprunts à ses travaux.

De tout temps, la question de la génération spontanée a exercé la sagacité des savants et des philosophes, comptant un nombre à peu près égal de partisans et de détracteurs. Pendant trop longtemps, la question est restée dans le domaine de la philosophie; aujourd'hui, les faits ont la parole.

Trois éléments entrent dans la composition d'une infusion:

L'eau,
La matière putrescible,
L'air.

Si les germes existent, quel est celui de ces trois éléments qui les récèle?

Disons tout de suite qu'il est parfaitement reconnu et admis par tout le monde que les germes des animaux succombent *tous* à une température humide de 100 degrés.

Si donc on établit une infusion à l'aide de l'eau bouillante, l'eau et la matière putrescible sont hors de cause.

Reste donc l'air. S'il y a des germes, ils ne peuvent venir que de là. C'est l'opinion défendue par M. Pasteur sous le nom de panspermie, et qui consiste à admettre que l'atmosphère est remplie d'œufs d'animaux et de spores de plantes.

Deux expériences, déjà anciennes, ont servi de base à cette opinion : celle de Schultze et celle de Schwann. Schultze mettait une infusion dans une fiole à médecine, munie de deux tubes de Liebig (fig. 5), l'un contenant de l'acide sulfurique, l'autre une solution de potasse. Il faisait bouillir l'infusion; la vapeur chassait l'air qui, pour rentrer ensuite dans la fiole refroidie, traversait les deux liquides qui devaient arrêter et détruire tous les germes. —Tous les jours il aspirait de nouvel air avec la bouche, par le tube à potasse.

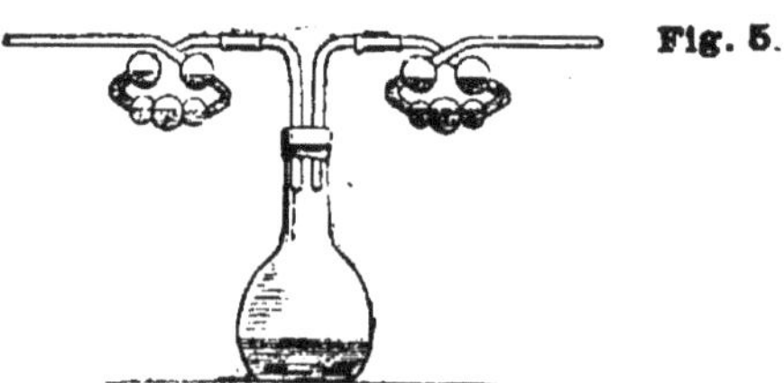
Fig. 5.

Schultze assurait qu'il ne s'était jamais rien produit dans sa fiole.

Schwann faisait passer l'air dans un tube de porcelaine rougi au feu (fig. 6), avant de l'introduire dans la fiole. Ses résultats n'étaient pas constants et souvent il trouva des animaux.

Fig. 6.

Ces expériences, reproduites par M. Pasteur, ne réussissant pas toujours, il eut l'idée d'employer des matras à long col plusieurs fois recourbé, les sinuosités devant arrêter les œufs, et il assurait que jamais il ne se produisait rien dans ses appareils. Plus tard, cependant, il reconnut son erreur.

Voyant alors que tantôt ses ballons étaient stériles, tantôt productifs, M. Pasteur inventa la panspermie limitée. Si un ballon est resté improductif, c'est que la couche d'air qui l'entourait ne contenait pas d'œufs. Dans le cas contraire, on avait recontré une bonne veine.

De cette façon, il avait toujours raison. M. Pouchet a repris les expériences de Schultze et de Schwann, et il a démontré que quand elles étaient bien faites, *toujours* il se produisait des organismes; seulement ce sont des organismes inférieurs, et souvent ils n'apparaissent qu'au bout d'un temps très-long. Ajoutons aussi que ces expériences demandent à être faites avec beaucoup de soin et qu'elles pèchent toutes par la base; l'ébullition fait subir à la matière organique une transformation qui la rend peu propre aux productions organiques.

Il nous tarde d'arriver à des preuves plus sérieuses. Voici une expérience que nous empruntons textuellement à M. Pouchet : *Expérience.* « On prit une cuvette de » cristal de 30 centimètres de diamètre, lavée avec de » l'acide sulfurique, et elle fut remplie d'eau distillée » bouillante. On plongea dans celle-ci 10 grammes de » filaments de lin chauffés à 150 degrés pendant deux » heures.

» Cette cuvette fut ensuite recouverte d'une cloche et » placée au centre d'une autre grande cuvette de 50 cent. » de diamètre, remplie d'eau distillée.

» Après quatre jours, dont la température fut en » moyenne de 28° centigrade, on trouva la macération de » lin encombrée d'une prodigieuse quantité de paramécies » et l'on ne découvrit pas un seul de ces animaux, *ni un* » *seul de leurs œufs* dans la grande cuvette, au centre de » laquelle l'autre était placée. »

Si on se rappelle qu'aucun organisme vivant ne résiste à la température de l'eau bouillante, ni à la température sèche de 140°; si on observe ensuite que les œufs de la paramécie ont un diamètre qui permet de les voir très-nettement, il sera facile de conclure.

Autre preuve qu'on pourrait appeler preuve par l'absurde.

On dispose dans une vaste pièce une série de vases de même forme et de même capacité, remplis d'une même macération, de foin par exemple, et on place près de chacun de ces vases un autre vase semblable, mais rempli d'une macération de graine de lin.

Au bout de quelques jours, les vases contenant la macération de foin sont remplis de paramécies; ceux qui contiennent la graine de lin sont couverts de monades.

Si les œufs sont tombés de l'atmosphère, il faut donc que l'air de la pièce contienne une quantité prodigieuse d'œufs de paramécies et de monades, quantité qui le rendrait irrespirable; il faut en outre que ces mêmes œufs aient choisi chacun une série de vases, ce qui est tout-à-fait inadmissible.

Si nous avions augmenté le nombre de nos séries de vases en variant le contenu, nous aurions eu encore d'autres espèces, des kolpodes, des vorticelles, des uvelles, etc. Il aurait donc fallu que l'air contînt au même moment tous ces œufs, ce qui est absurde.

D'ailleurs, s'il en était ainsi, nous en trouverions partout de ces prétendus germes, dans la poussière de nos appartements, dans les poumons de tous les animaux, dans toutes les eaux courantes.

M. Pouchet a eu la conscience d'examiner toutes les poussières: poussières des maisons, poussières des églises, des théâtres, du sommet des monuments; il a fait passer, au moyen d'une machine à vapeur, des masses d'air dans de l'eau; il a cherché dans les voies respiratoires des animaux, et il n'a rien trouvé.

Mautegazza d'un côté, M. Pouchet de l'autre, sont arrivés à voir se produire des organismes dans de l'oxygène pur, avec de l'eau et de l'air artificiels.

Enfin, il nous reste à examiner une autre preuve, encore plus concluante, c'est la preuve anatomique. En suivant jour par jour, heure par heure, la marche d'une infusion, l'infusoire apparaît sous les yeux de l'observateur.

Mautegazza est un des premiers qui ait asssité à ce phénomène et son expérience mérite être rapportée. La voici, d'après M Joly (conférence).

Mautegazza prit un tube mince et plat, il y introduisit de l'eau distillée, un fragment de tissu cellulaire végétal et de l'air; après l'avoir fermé, il se mit en observation, l'œil au microscope.

Au bout de deux heures, il vit les amas granuleux contenus dans les cellules du tissu végétal présenter sur leurs bords de très-petites excroissances d'une transparence parfaite. C'étaient des *Bacterium termo* encore immobiles. Deux ou trois heures après, ces animalcules commencèrent à osciller à la manière d'une pendule, puis ils quittèrent en grand nombre l'amas granuleux où ils avaient pris naissance, et s'élancèrent comme un trait au sein du liquide. Dix heures après le commencement de l'expérience, les cellules végétales et le liquide devinrent troubles, par suite du nombre immense de bacteries qui qui s'y étaient développées.

« L'observation dura seize heures, et pendant tout ce » temps, nous dit Mautegazza, je ne me levai pas de mon » siége, je ne quittai pas le champ du microscope, regar- » dant tantôt avec un œil, tantôt avec l'autre, puis les fer- » mant tous deux pendant environ une demi-minute, dans » le but de les reposer. J'aurais eu le vif désir de continuer » l'observation, mais la nature fut plus forte que ma vo- » lonté; mes yeux commencèrent à se remplir de larmes » et à ne plus voir le champ du microscope : je dus me » lever, brisé de fatigue, mais enchanté d'avoir surpris la » vie à son berceau. »

Ainsi les bacteries apparaissent subitement dans un liquide clair et transparent, absolument comme *les cristaux dans une solution saline*.

Les infusoires ciliés, eux, naissent d'*œufs spontanés*. Comment apparaissent ces œufs? Sont-ils formés des particules solides des débris organiques, venant se grouper sous l'influence d'une force vitale particulière?

A cette question, M. Pouchet n'hésite pas à répondre : oui.

« Ce sont, dit-il, page 111 (nouvelles expériences), les » granules organiques, de la pellicule proligère, qui de» viennent les éléments anatomiques des animaux ciliés, » et plus loin (page 112) : « La force plastique, » condense des amas de « granules sous forme de *nébuleuses.* » ... Quelques-unes « sont composées d'un plus considé» rable amas de granules, et déjà on y distingue la ten» dance qu'a l'œuvre à devenir sphéroïdale. »

J'avoue qu'il me paraît impossible d'admettre cette opinion.

En effet, lorsqu'on examine une infusion filtrée, au moment où l'infusion commence à se troubler, il n'y a pas encore de membrane à la surface; un nuage blanchâtre se rapproche de plus en plus de la surface en s'épaississant.

Fig. 7.

Examiné au microscope, ce nuage paraît formé d'une multitude de petits bâtonnets, les bacteries (fig. 7). Voilà une première génération qui s'est formée spontanément, au sein du liquide, en solution, avec des matériaux liquides, et par conséquent invisibles.

Le lendemain, une véritable pellicule occupe la surface; elle se plisse quand on incline le vase; elle ressemble, quoiqu'elle soit plus mince, à la pellicule du lait qu'on fait chauffer; elle est remplie de cadavres de bacteries ou de vibrions; mais elle n'est pas formée que de cadavres, elle est sans doute muqueuse, comme le dit M. Pouchet lui-même; elle contient de l'albumine et des matières grasses et aussi des plantes.

Fig. 8.

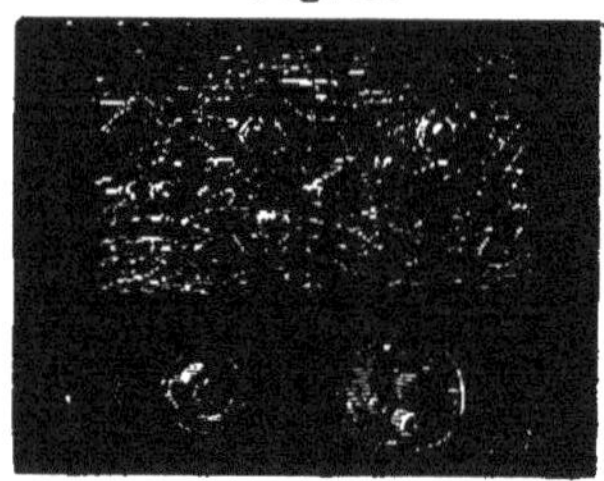

Au sein de cette membrane apparaissent de petites sphères (fig. 8, *a*), d'abord très-petites, qui grossissent peu à peu; ce sont les œufs spontanés. Ils se sont formés au sein du liquide et aux dépens des molécules, c'est-à-dire invisibles. Dès l'origine, leur contour est limité. Ils grossissent, se troublent, et alors on voit apparaître le mouvement, la vie.

Ainsi, pour moi, l'œuf spontané se forme au sein de la pellicule proligère, mais avec des matériaux liquides, avec de l'albumine, de la matière proteïque, dissous dans l'eau.

La présence d'une membrane proligère n'est pas nécessaire. On voit souvent les cadavres des bacteries tomber au fond et former une couche épaisse, ce qui n'empêche pas les œufs spontanés des ciliés de se produire. Il m'est arrivé plusieurs fois, dans un liquide chargé de matières organiques, et qui n'avait pas de membranes à la surface, de trouver au fond du vase, au-dessus des débris, une couche épaisse d'infusoires qui s'était formée là. Quelquefois on trouve des œufs en masse sur les parois du vase.

Le hasard m'a fourni une démonstration très-nette de la proposition que j'avance. Mon aquarium étant envahi par les conferves, je pris le parti d'y lâcher une demi-douzaine de têtards qui eurent bientôt dévoré toutes les conferves. Je tuai alors les têtards sur place, je les enterrai au fond de l'aquarium.

Je fus fort surpris, au bout de peu de jours, de voir un

nuage léger s'élever au-dessus du sol, semblable aux vapeurs qui couvrent le fond des vallées dans les pays de montagnes. Ce nuage épaissit rapidement et ne s'éleva jamais à plus d'un centimètre au-dessus du sol; il était formé uniquement de paramécies. Ainsi voilà plusieurs millions d'infusoires formés en quelques jours au fond de l'eau sans la moindre membrane proligère.

D'ailleurs, si c'étaient les cadavres de la membrane proligère qui dussent servir à la production des ciliés, il devrait naître de ces gros infusoires dans toutes les infusions qui contiennent une grande masse de vibrions ou de monades, dont les cadavres finissent par former une vraie membrane.

Eh bien ! c'est ce qui n'arrive pas.

Une infusion de graine de lin, préparée le 10 octobre, avait déjà une membrane le 13; de nombreuses générations de monades se sont succédées pendant les mois de novembre, décembre, janvier, février et mars, et toujours des monades et rien que des monades. Sans doute il manquait quelque chose dans cette infusion ; ce ne sont certes pas les cadavres, mais bien la matière proteïque, l'albumine qui n'existe qu'en petite quantité dans l'infusion, où au contraire la graisse domine.

Ainsi l'œuf spontané apparaît sous la forme d'une petite sphère bien circonscrite, claire et transparente. Elle grossit assez rapidement; l'enveloppe de cette petite sphère s'épaissit et forme un véritable chorion (fig. 8, *b*). Bientôt des granulations s'observent dans la partie claire; ce sont les granulations vitellines, qui ne tardent pas à troubler l'œuf (fig. 8, *c*).

Le vitellus ainsi formé va bientôt manifester quelques mouvements, c'est la gyration qui commence ; après quelques oscillations suivies de moments de repos, le vitellus entier tourne dans son enveloppe, d'un mouvement lent et régulier.

Peu après, un nouveau phénomène s'observe; un point semble écarter la substance du vitellus, qui se rapproche presque aussitôt; ce point se régularise, s'arrondit, prend la forme d'une vésicule qui se dilate et se contracte à des intervalles réguliers, c'est le *punctum saliens* (fig. 8, *d*), appelé aussi vésicule contractile, qu'on observe dans tous les infusoires, et que M. Pouchet regarde comme un cœur rudimentaire. Dès ce moment, on peut regarder l'embryon comme complétement formé; on le voit s'agiter sous sa coque qu'il ne tardera pas à briser.

Les protozoaires offrent cela de particulier et d'intéressant qu'au moment de leur naissance, ils sont complétement transparents. Leurs organes digestifs s'emplissent peu à peu sous les yeux de l'observateur et prennent la couleur des substances ingérées.

L'acte lui-même de la naissance est fort curieux à observer. L'animal, qu'on voyait remuer de toutes pièces et s'agiter sous la coque de l'œuf, fait un suprême effort et brise l'enveloppe; la partie antérieure sort ordinairement la première et le corps se dégage peu à peu; enfin, l'animal libre s'élance et nage aussitôt dans le liquide; sa coquille déchirée reste là claire et transparente.

Beaucoup d'infusoires naissent complets; d'autres subissent plusieurs transformations importantes; des organes nouveaux se forment, et leur genre de vie change complétement. Nous étudierons ces phénomènes dans chaque espèce en particulier.

L'ovulation est le seul acte spontané de la génération, et cet acte spontané n'est pas particulier aux infusoires;

il se retrouve dans toute la série animale, comme l'a démontré M. Pouchet. L'œuf des mammifères lui-même naît spontanément dans l'ovaire. Il n'a, au moment de sa formation, aucun lien qui l'attache à la mère ; il se forme au milieu du stroma, de même que l'œuf spontané de l'infusoire naît au milieu de la membrane prolygère.

Ainsi, la génération, étudiée du point de vue le plus élevé et le plus général, est ramenée à l'œuf spontané.

Une seule et même loi préside à l'apparition de la vie dans le plus petit des infusoires, comme dans le plus gros des mammifères.

Néanmoins, on entendra toujours par génération spontanée celle qui se produit *sans parents*.

Une dernière question relative à la génération spontanée.

Où s'arrête, dans la série, la génération spontanée ?

Dans les infusions faites en petit, elle s'arrête aux paramécies, aux vorticelles.

Mais dans les infusions artificielles faites en grand, au bout de plusieurs mois, on voit apparaître des systolides, les Lepadelles surtout.

Dans les infusions naturelles, les ornières, les tonneaux d'arrosage, les bassins de nos jardins, il peut se développer indépendamment des infusoires toute la série des Systolidiens.

Dans la colle de farine, l'apparition des nématoides (anguillules) est très-certainement due à la génération spontanée, quoique ces animaux produisent plus tard des petits vivants.

Enfin, rien ne prouve que les polypes d'eau douce et peut-être d'autres animaux d'un ordre plus élevé ne soient susceptibles de se développer spontanément.

Mille questions se pressent à la pensée, à propos des infusoires. Quelle peut être la durée de l'existence de ces animaux? ont-ils des mœurs particulières intéressantes? comment meurent-ils, etc.? Il faut avouer qu'on est encore loin de pouvoir répondre d'une façon satisfaisante à toutes ces questions.

Tout ce qu'on sait, c'est que, dans une même infusion, les générations d'animaux très-différents se succèdent assez rapidement, surtout pendant l'été. Au bout de cinq ou six jours souvent, tous les animaux qui avaient paru presque à la fois disparaissent de même et sont remplacés par une autre faune.

Peu d'expériences ont été faites sur un individu isolé.

Quelques familles ont pour trait principal de leurs mœurs de vivre en société. Ainsi le stentor et les vorticelles se rencontrent souvent par groupes, par bouquets pour ainsi dire, fixés par leur pédicule autour d'un point central, tout en vivant d'une vie indépendante.

Le plus grand nombre vivent par essaims autour des débris en décomposition, qui leur fournissent des aliments.

Il y en a qui vivent isolés dans des tubes, d'autres dans l'intestin d'autres animaux.

Quelques-uns nagent dans les eaux claires et découvertes, le volvox, par exemple, tandis que d'autres ne se trouvent qu'au milieu des plantes, dans les herbes touffues ou près des fonds vaseux.

L'allure a une grande importance dans l'observation des infusoires; elle sert souvent à faire distinguer du premier coup l'espèce à laquelle on a affaire. Ainsi, la marche saccadée des monades à deux fils permet de la distinguer de celles qui n'en ont qu'un et qui s'avancent en se balançant.

Les halteries sautent; les kerones ont un mouvement de recul très-prompt; ils marchent aussi à plat, au moyen de leurs cirrhês, comme avec des pattes.

Les paraméciens s'avancent mollement, en tournant un peu sur leur axe.

Les plœsconiens nagent comme un navire qui tire des bordées; ils marchent aussi le long des objets.

Les vorticelliens, détachés de leur pédicule, courent follement avec une grande rapidité et s'arrêtent de temps en temps, tout-à-coup.

A mesure que nous décrirons les espèces, nous rappellerons ces caractères.

Terminons ces généralités par un mot sur la mort des infusoires.

Tous les animaux dans la nature se font une guerre acharnée et se dévorent. Un grand nombre meurent de mort violente, et l'homme en fait pour sa part un effrayant carnage.

Dans le monde des protozoaires, les choses se passent comme dans le monde visible.

Là aussi, beaucoup périssent dévorés par les plus gros et broyés sous les mâchoires d'animaux plus puissants. Quelques-uns sont avalés tout vivants et s'agitent encore dans les entrailles de celui qui les a engloutis.

Lorsqu'ils meurent de leur belle mort, on les voit se fondre, se dissoudre dans le liquide, et il ne reste plus que quelques granulations un peu plus résistantes; c'est ce que Dujardin a appelé la mort par diffluence. Leurs éléments vont servir à la génération suivante et le plus souvent à un ordre plus élevé. Quand il y a une coquille, elle reste dans le liquide, claire et transparente. Les cadavres tombent au fond, où ils vont former un dépôt, une espèce de terreau. Quelques-uns s'enkistent, s'arrondissent et meurent en gardant cette forme, c'est la mort par momification; mais au bout d'un certain temps, ils finissent comme les autres par se dissoudre dans le liquide.

ÉTUDE DES INFUSIONS.

Lorsqu'on met une substance organique morte au contact de l'eau, à l'air et à une certaine température, cette matière ne tarde pas à se décomposer; les parties solubles se dissolvent dans l'eau, et on a alors une infusion.

Au bout d'un certain nombre d'heures, on voit apparaître des animaux extrêmement petits, dont les générations se succèdent rapidement, en allant du simple au composé; ce sont les premiers infusoires.

Pour qu'il y ait production d'organisme dans une infusion, il faut d'abord et nécessairement qu'il y ait une fermentation.

La fermentation est un phénomène de chimie moléculaire qui met les particules organiques dans un certain état qui leur permet d'entrer immédiatement dans des combinaisons nouvelles.

Il y a trois espèces principales de fermentation :

1° La fermentation alcoolique;

2° La fermentation acide;

3° La fermentation putride.

C'est cette dernière seule qui donne lieu à la formation d'animaux infusoires.

Ce phénomène exige la présence de l'oxygène et de la chaleur.

L'alcool, le tannin, certains acides peuvent l'empêcher, l'arrêter ou la retarder. La chaleur au-dessus de 100°, le froid au-dessous de 0°, produisent le même résultat. La lumière, l'électricité la modifient puissamment.

Les produits de cette fermentation varient avec la nature des corps employés. Mais dans tous ces cas, l'albumine en solution peut être regardée comme nécessaire ; elle joue le rôle de corps catalytique.

Il faut bien distinguer les infusions artificielles que nous produisons en petit dans nos laboratoires, dans une atmosphère restreinte, des infusions qui se font dans la nature en grand et à l'air libre.

Cherchons à étudier ce qui se passe dans l'un et l'autre cas.

Infusions artificielles.

Mettons dans un vase de l'eau et une substance organique; quelques fleurs sèches, par exemple.

Au bout d'un certain nombre d'heures, suivant la température, le liquide va se colorer légèrement; la substance organique se gonfle ; quelques substances solubles, de l'albumine, des sels, du sucre se dissolvent dans l'eau; un commencement de décomposition, une fermentation s'établissent.

Le liquide était d'abord clair et limpide, sans odeur; mais bientôt il se trouble légèrement, et une couche blanchâtre monte à la surface.

Si on prend une goutte de cette couche et qu'on l'examine au microscope, on voit qu'elle contient une quantité prodigieuse de petites lignes, de petits bâtonnets, qui d'abord immobiles ne tardent pas à se balancer et à s'élancer dans le liquide.

Ce sont là les premiers linéaments de la vie. Le lendemain, la plupart de ces êtres sont morts, la couche blanchâtre occupe la surface où elle est venue former une membrane mince, à laquelle M. Pouchet a donné le nom de membrane proligère. On peut comparer cette membrane à la pellicule qui se forme sur le lait qu'on fait chauffer.

Elle est composée d'albumine, de corps gras et aussi de cadavres de la première génération, auxquels viennent se joindre quelques végétaux particuliers.

C'est au milieu de ces éléments que vont se former des kystes ou œufs, car ce sont de véritables œufs, d'où sortiront des animaux plus complexes et plus volumineux, dont les cadavres vont épaissir la membrane. Une nouvelle génération viendra remplacer celle-ci; elle sera formée d'animaux d'un ordre plus élevé. Pendant plusieurs mois, si l'eau ne s'évapore pas, on pourra assister à cette succession d'êtres. Tantôt ce seront des végétaux, tantôt des animaux nouveaux, puis les éléments étant épuisés, les cadavres tomberont au fond, où ils formeront une couche plus ou moins épaisse.

Le liquide sera redevenu limpide et sans odeur. L'eau aura donc été le milieu actif où s'est développé ce petit monde, et elle aura été le témoin inaltérable de ces existences et de ces morts.

Mais, va-t-on demander, pourquoi la vie s'est-elle arrêtée, puisqu'il reste encore une grande quantité de matière organique et que l'eau n'est pas altérée? C'est qu'il ne reste plus de matière organique soluble; peu à peu la fermentation fait disparaître l'azote et le soufre à l'état de gaz; il n'y a plus d'albumine, plus de matières putrescibles.

Le dépôt est formé par les parties ligneuses, les sels,

les carapaces siliceuses. Ces matières, exposées à l'air, à la pluie, chargées d'acide carbonique, pourraient devenir en partie solubles; elles formeraient un terreau, un véritable sol; mais, dans les conditions artificielles où nous les avons placées, elles resteront toujours inertes.

Encore un peu et elles retourneront au monde minéral, d'où elles étaient sorties.

Infusion naturelle.

Etudions maintenant une infusion naturelle et nous verrons sortir de cette étude des faits dignes du plus grand intérêt.

Supposons que sous une influence quelconque, une cavité vienne à se former à la surface d'un sol imperméable; il pleut, la cavité se remplit d'eau à peu près pure. Voilà déjà deux éléments d'infusion, de l'air et de l'eau. Il ne manque plus que la matière organique. Qu'une feuille emportée par le vent, qu'une aile d'insecte vienne à tomber, et bientôt nous verrons apparaître la vie. Une fermentation s'établit autour de ce débris organique: une plante microscopique se forme, se développe aux dépens des matériaux et de l'air dissous dans l'eau; un animal va bientôt naître; petit et d'une composition extrêmement simple, il se reproduira avec une grande rapidité, et à chaque génération morte succédera un être d'un ordre plus élevé. Peu à peu, si de nouvelles substances organiques viennent à tomber dans notre bassin, le même phénomène se reproduisant, la masse augmentant, les plus gros infusoires apparaîtront. Les cadavres des nombreuses générations qui se sont succédées tomberont au fond et formeront un dépôt, une espèce d'humus, s'accroissant à chaque instant. Bientôt des graines tombées de l'atmosphère viendront germer dans ce sol, qui peut fournir des aliments à leurs racines; des insectes y déposeront leurs œufs, et leurs larves, au moment de leur éclosion, trouveront dans ces nombreux infusoires la nourriture qui leur est destinée.

Voilà donc la vie qui se développe de plus en plus dans ce bassin d'abord sec et désert. A mesure que les débris s'accumulent, le sol nouveau s'exhausse; déjà des plantes à demi-baignées s'épanouissent à l'air libre; de nombreux insectes vivent aux dépens de ses fleurs et de ses feuilles. Avant peu, toute la surface sera couverte d'une puissante végétation. Les infusoires ayant rempli leur mission disparaîtront avec l'eau. La cavité sera comblée, des oiseaux feront leur nid dans les herbes, des animaux terrestres y viendront chasser ou chercher un refuge; un arbre y implantera ses racines et les abritera de son ombre.

C'est ainsi qu'un peu d'eau aura suffi pour changer ce désert en une oasis verdoyante.

N'avons-nous pas là, en petit, l'image de ce qui a dû se passer à l'origine des choses.

La géologie nous en donne la confirmation. Au début, des végétaux rudimentaires et des animaux extrêmement simples vivant dans l'eau; mais la nature agissant alors sur des masses énormes et à une température très-élevée, des fermentations gigantesques enfantèrent des êtres aux proportions colossales. A mesure que l'eau faisait place aux sédiments, des animaux différents apparaissaient, n'ayant aucun rapport avec les précédents, et ainsi jusqu'à ce que les mers et les continents aient été fécondés.

De l'étude d'une simple infusion naturelle, nous pouvons donc tirer les conclusions suivantes :

La vie apparaît dès que l'eau, l'air et une matière putrescible sont en présence.

A l'origine, la matière organique a dû être formée de toutes pièces avec les éléments minéraux.

D'abord une plante et un animal rudimentaires, se reproduisant avec une grande rapidité; à mesure que les conditions changent, les premiers êtres disparaissent pour faire place à d'autres espèces de plus en plus parfaites.

Parfaites est une manière de parler; chaque être en lui-même est parfait pour remplir sa mission.

Remarquons bien que ce n'est pas l'espèce qui se transforme, mais à mesure que les conditions changent, *l'espèce meurt;* elle est remplacée par une autre, dont l'organisation est en rapport avec le nouveau milieu, et ainsi la progression marche sans cesse du simple au composé.

Tout s'enchaîne; la génération nouvelle ne pouvait venir plus tôt, elle n'aurait pas eu les matériaux nécessaires à son existence.

Entre le minéral et l'animal, il a fallu le végétal, qui seul peut s'assimiler directement la matière minérale; entre le végétal et l'animal carnivore, il a fallu l'herbivore.

Une question de subsistance rattache donc tous les êtres vivants, et il serait impossible de supprimer un anneau de cette chaîne immense sans rompre l'équilibre général.

Chaque espèce animale prépare celle qui doit suivre, et lorsqu'on étudie, au point de vue qui nous occupe, une infusion naturelle, un marais par exemple, on ne tarde pas à voir qu'il s'établit un équilibre dans ce monde microscopique qu'on peut regarder comme une image de celui qu'on appelle le monde visible.

L'eau reste claire, transparente; un règne végétal et un règne animal particuliers vivent en présence, en faisant entre eux un échange de matériaux. Enfin, une harmonie s'établit entre les êtres microscopiques et les animaux et les plantes d'un ordre supérieur, et cet état se perpétue tant que durent les conditions qui l'ont fait naître.

Ainsi, nous pouvons comprendre maintenant l'existence de ces animaux invisibles à l'œil nu et qui sont plus nombreux que toutes les autres espèces réunies.

Dans la nature, le travail et les forces réunies des infiniment petits dépassent en résultats les efforts des plus grands et des plus puissants.

EXPÉRIENCES SUR LES INFUSIONS

Pour que la vie apparaisse, il faut trois choses :

1° De l'air ;

2° De l'eau ;

3° Une matière putrescible.

La chaleur, la lumière, l'électricité ont une influence énorme sur la production des êtres organisés.

Disons tout de suite que rien n'est plus variable que les résultats des infusions, et c'est là une des *grandes difficultés* des expériences comparatives.

La même substance, la même eau, la même exposition peuvent donner lieu à des produits différents.

Dans l'état actuel de la science, il est presque impossible de préciser l'animal qui sera produit dans une infusion donnée. On ne peut prévoir que les résultats généraux.

Reprenons un à un chacun des éléments nécessaires à la formation des Protozoaires.

L'air.

C'est par son oxygène que l'air agit; on l'a prouvé en produisant des infusoires dans l'oxygène préparé artificiellement.

Lorsque la matière putrescible est placée à la surface de l'eau, l'action est beaucoup plus prompte et les résultats plus riches que lorsqu'elle est entièrement plongée dans le liquide. Si l'air est limité, si l'expérience est faite dans un ballon scellé à la lampe, il ne produit que des organismes inférieurs et quelquefois seulement au bout d'un très-long temps.

Mais il ne faudrait pas en conclure qu'on doive obtenir des animaux d'un ordre de plus en plus élevé, à mesure qu'on fait passer de grandes masses d'air dans le liquide ou à sa surface; il suffit que l'air ne soit pas strictement limité; que l'appareil ne soit pas hermétiquement clos. Ainsi on aura les mêmes résultats à ciel ouvert, ou sous une cloche, même d'une très-petite capacité.

L'eau.

Toutes les eaux possibles, même l'eau artificielle, peuvent donner lieu à la naissance des infusoires, à une condition, c'est que l'eau soit tranquille.

Ainsi, dans la mer, dans les lacs, les rivières, on rencontre des infusoires dans les bas-fonds, sur les bords inégaux envahis par les herbes, mais jamais dans l'eau courante. Les étangs, les flaques d'eau en sont peuplés. Les solutions salines diverses, dans lesquelles on fait macérer les matières organiques, en contiennent de nombreuses espèces qui varient suivant la solution.

L'eau de l'atmosphère, la rosée, l'eau de pluie, donnent

des résultats plus prompts que l'eau bouillie ou l'eau distillée.

La matière putrescible.

Toutes les substances organiques sont aptes à la production des protozoaires, pourvu qu'elles n'aient pas été carbonisées.

L'action sera beaucoup plus lente, et les organismes bien plus simples, si l'on a fait bouillir la substance.

Les animaux produits changent suivant les corps employés. Les infusions qui contiendront le mélange le plus complet donneront la faune la plus variée.

La quantité de matière, la masse influe considérablement sur le résultat d'une infusion.

Enfin, disons que la présence d'une matière putrescible semble n'être pas quelquefois absolument indispensable.

On voit souvent, dans de l'eau distillée dans des flacons bouchés à l'émeri, apparaître une matière verte; mais on peut toujours supposer, dans ce cas, que quelques matières organiques en suspension dans l'air, poussières, débris de vêtements, sont tombées dans le vase et ont suffi pour y constituer une véritable infusion.

Chaleur.

La chaleur exerce une grande influence sur les infusions. L'hiver il faudra 5 ou 6 fois plus de temps que l'été pour arriver au même résultat; au-dessous de 0°, la vie n'apparaît plus. La chaleur humide est très-favorable à la production des protozoaires. Tous meurent dans l'eau bouillante.

Lumière.

On peut obtenir des infusoires dans l'obscurité la plus complète ou au soleil le plus vif ; mais la faune sera plus variée et d'un ordre plus élevé à la lumière blanche et diffuse.

Electricité.

Les temps orageux sont les plus favorables à la production des infusoires; l'action d'une pile se fait très-vivement sentir.

Forme de vase.

Il n'est pas jusqu'à la forme du vase qui n'influe sur les résultats; plus la surface est étroite par rapport à la masse du liquide en expérience, plus la production est rapide et abondante.

Une expérience, établie par M. Pouchet, en est la preuve évidente.

M. Pouchet prend une éprouvette et la remplit d'une macération filtrée qu'il sait propre à engendrer des microzoaires ciliés. Une quantité égale de cette même macération est versée dans une large cuvette de cristal à fond plat. Le premier vase est placé au milieu du second, qui lui-même est reçu dans un troisième, en partie rempli d'eau. Le tout est recouvert d'une cloche de verre plongeant dans cette eau, afin de modérer l'évaporation.

Il faut que la macération soit très-légère. Au bout de quatre à cinq jours, par une température de 20° en moyenne, l'éprouvette se trouve remplie de microzoaires ciliés, la cuvette qui la contient n'en présente *pas un seul*. (Joly, Confér.)

Cette expérience est en même temps une des meilleures en faveur de la génération spontanée. Si les germes tombaient de l'atmosphère, la cuvette, qui est plus large, devrait en recevoir bien plus que l'éprouvette.

MOYEN DE SE PROCURER DES INFUSOIRES.

Infusions artificielles.

Rien n'est plus facile que de se procurer des infusoires; il suffit, pour cela, d'exposer à l'air de l'eau et des matières organiques.

Mais il est au contraire extrêmement difficile d'obtenir à volonté tel ou tel infusoire. Deux infusions en apparence identiques peuvent donner des résultats tout-à-fait différents.

Plusieurs infusions de la même plante, placées à la même exposition, sous la même cloche, pourront ne pas donner naissance aux mêmes animaux; il suffira pour cela de varier la proportion de matière et le degré d'immersion. D'ailleurs, dans un même vase, la forme varie sans cesse.

Expérience. — Le 29 novembre, on a disposé du foin desséché depuis plus d'un an dans quatre vases remplis d'eau.

29 nov. N° 1. Dans le premier, le foin remplit presque le vase et dépasse la surface de l'eau.

N° 2. Dans le second, le foin est complétement immergé; il arrive à deux centimètres de la surface.

N° 3. Une quantité moitié moindre est retenue au fond du troisième, par un morceau de nacre.

29 nov. N° 4. Enfin, dans le dernier, on a mis un peu de foin au fond, et on l'a recouvert avec un disque de verre du même diamètre que le vase.

Examen jour par jour.

30 nov. N° 1. Rien — liqueur jaune.
N° 2. Quelques bacteries.
N° 3. Quelques bacteries.
N° 4. Bacteries et monades.
1er déc. N° 1. Bacteries, quelques monades.
N° 2. Bacteries et monades.
1er déc. N° 3. Bacteries, monades rares.
N° 4. Bacteries et monades nombreuses.
3 déc. N° 1. Bacteries, monades.
N° 2. Idem.
N° 3. Uvelles magnifiquement développées, monades à queue. Quelques ciliés (Enchelys).
N° 4. Bacteries, monades.
4 déc. N° 1. Bacteries mortes, monades.
N° 2. Idem.
N° 3. Uvelles, végétations anthophysaires, quelques Enchelys.
N° 4. Monades à queue, quelques Enchelys.
6 déc. N° 1. Monades, uvelles, végétations.
N° 2. Monades, uvelles.
N° 3. Ut suprà.
N° 4. Uvelles, quelques Enchelys.
7 déc. N° 1. Ut suprà.
N° 2. Uvelles, filaments végétaux.
N° 3. Comme le 4 décembre.
N° 4. Uvelles, filaments, Enchelys.

Les 8, 12, 13, 19 décembre, même état.

3 janv. N° 1. Paramécies, quelques Enchelys.
N° 2. Enchelys, uvelles en masse, quelques monades
N° 3. Enchelys, vibrions, uvelles en masse.
N° 4. Monades, plus d'uvelles.
11 janv. N° 1. Paramécies, Enchelys, végétaux rectilignes.
N° 2. Uvelles, Enchelys en masse.
N° 3. Uvelles, Enchelys monades.
N° 4. Monades.
6 févr. N° 1. Ut suprà.
N° 2. Ut suprà et monades.
N° 3. Vorticelles libres et pédiculées, uvelles.
6 févr. N° 4. Quelques monades, végétations nombreuses.
20 févr. N° 1. Paramécies, végétaux.
N° 2. Enchelys, monades, plus d'uvelles.
N° 3. Vorticelles nombreuses, uvelles.
N° 4. Végétations, monades.
Le 24 février on a ajouté de l'eau.
26 févr. N° 1. Paramécies, Enchelys.
N° 2. Monades.
N° 3. Vorticelles, vibrions, uvelles, Enchelys.
N° 4. Monades, griffes végétales.
27 févr. N° 1. Paramécies moins grosses.
N° 2. Enchelys, monades.
N° 3. Ut suprà.
N° 4. Ut suprà.
5 mars. N° 1. Paramécies, végétations.
N° 2. Enchelys, végétaux.
N° 3. Vorticelles.
N° 4. Monades, griffes végétales.
26 mai. N° 1. Plus de paramécies, mais des kolpodes.
N° 3. Vorticelles moins nombreuses.

L'examen a été interrompu.

L'eau s'est évaporée en partie.

Mai. Il n'y a plus que des monades et des végétations.

Ainsi, ces 4 infusions, après avoir suivi une marche inégale jusqu'au 6 décembre, avaient toutes, à cette époque, des uvelles en quantité variable. Deux seulement ont alors des infusoires ciliés (Enchelyens). Le 3 janvier, des paramécies vivaient seulement dans l'infusion n° 1.

Le 6 février, des vorticelles ont apparu dans le n° 3.

Ces deux infusions, les plus riches en productions, ont gardé chacune leur faune exclusive, jusqu'au mois d'avril.

La conclusion que nous pouvons tirer de cette longue expérience est toute négative. Il est impossible d'en tirer la moindre loi relative à la succession des espèces. Elle est seulement une confirmation de la génération spontanée. Des germes tombés de l'atmosphère auraient donné des résultats plus uniformes.

EXPÉRIENCE. — Une autre expérience a été établie plus en grand, pour étudier la succession des animaux et la limite de production.

Le 30 juillet, dans un vase large et peu profond, on a placé une quantité de foin, sec depuis deux ans, totalement immergé à un centimètre de la surface, 26° centigrades, à 4 heures du soir.

31 juillet. Le 31 juillet, à 11 heures du matin, il y avait déjà des bacteries, des œufs de kolpode en giration, des kolpodes et quelques lacrymaires.

Le 1er août, une masse d'œufs et des kolpodes.

Le 2 août, une masse d'œufs et des kolpodes, plus des monades.

3 août. Nombreux kolpodes.

5 août. Quelques jeunes paramécies et de nombreux kolpodes.

7 août. Quelques paramécies adultes et une masse de kolpodes.

15 août. Peu de kolpodes. Une masse d'enchelys. Beaucoup de paramécies et de monades. On a ajouté de l'eau.

24 août. Moins de paramécies. Quelques kerones, enchelys.

16 sept. Paramécies grosses, gros kolpodes.

Ici se produit un phénomène remarquable, c'est l'apparition d'un systolidien du genre Lépadelle, animal symétrique, à mâchoire et à appareil digestif complet. Il y en a un assez grand nombre. On ajoute de l'eau.

19 oct. Gros kerones, quelques paramécies, des petites loxodes. On ajoute de l'eau.

25 nov. Plus de paramécies, mais de gros kerones et des lepadelles. On ajoute de l'eau.

8 déc. Même faune; individus moins nombreux.

2 février. Lepadelles, kerones, petites loxodes, œufs de lepadelles, végétaux.

13 mars, 25 avril, 12 mai, juin, 13 juillet, il y a encore des lepadelles, des kerones et des petites loxodes ; tous les mois on a ajouté de l'eau.

Ce qu'il y a de plus remarquable dans cette expérience, c'est la rapidité avec laquelle l'infusion s'est peuplée : non seulement il y avait des bacteries au bout de quelques heures, mais déjà des œufs de ciliés et des kolpodes vivants dix-huit heures après l'immersion du foin. Nous pouvons en tirer cet enseignement qu'il ne faut pas se hâter de conclure lorsqu'on fait une recherche relative aux infusoires. Ainsi, M. Lemaire a cru trouver des bacteries dans l'atmosphère des salles d'hôpital; mais dans l'eau qu'il recueillait avec ses appareils réfrigérants, il se trouvait des matières organiques à l'état de poussière, et la fermentation de ces matières suffit pour donner naissance à des bacteries et même à des monades, au bout de quelques heures.

On a aussi, dans cette expérience, la preuve directe que la génération spontanée s'étend jusqu'aux systolydiens.

Enfin, comme on peut le voir, par l'histoire de ces deux infusions, on voit combien la marche est irrégulière, et il est presque impossible de prévoir ce qui sera produit.

Beaucoup d'autres expériences ont été faites par tous les auteurs, et voici d'une façon générale les résultats auxquels on est arrivé.

On sait que les tiges herbacées, le feuillage, le foin, les fleurs donnent lieu à la formation d'infusoires ciliés; que les graines huileuses ne fournissent rien au-delà des monades; la chair musculaire donne des vibrions, la mie de pain des Amibes, etc., et encore doit-on s'attendre à de nombreuses exceptions.

Les mélanges seront plus riches et plus variés que les infusions faites avec une seule substance. Les sels ammoniacaux activent le résultat. Le quinquina, même à très-petite dose, *tue tous les infusoires*. Quelques personnes en ont conclu, à tort, que la fièvre intermittente est due à des organismes analogues aux infusoires. En somme, les espèces produites dans les infusions artificielles, faites en petit, sont peu nombreuses, et ce sont presque toujours les mêmes. Si on veut étudier toute la série, il faut avoir recours aux infusions naturelles.

Infusions naturelles.

RECHERCHE DES INFUSOIRES.

On peut regarder comme des infusions naturelles les marais, les bords des ruisseaux, des rivières et des mers; les flaques d'eau, les bassins de jardin, et même les tonneaux d'arrosage et les ornières. On trouve là des animaux qu'on ne rencontre jamais dans les infusions artificielles. Ce sont des infusoires souvent colorés, le plus ordinairement en vert, quelquefois en rouge, en brun ou en bleu.

Pour les récolter, il faut prendre les plantes aquatiques submergées et les placer dans un bocal avec de l'eau : on en obtient un très-grand nombre en pressant dans la main quelques touffes de ces plantes dont on fait écouler l'eau dans un bocal. Il faut également recueillir un peu de vase et quelques feuilles mortes, qu'on rencontre presque toujours au fond des marais.

Les infusoires ne tardent pas à monter à la surface, du côté le plus éclairé, et là on peut les observer à la loupe.

Malheureusement, il est difficile de les conserver longtemps dans ces vases. Au bout de quelques jours, la plupart ont disparu, dévorés par les larves qu'on a prises avec eux ou détruits par la fermentation, qui ne tarde pas à se produire.

Pour les conserver, il faut les isoler autant que possible par espèces, dans une eau tenant en suspension quelques matières organiques, l'eau du marais ou de la rivière où on les aura trouvés, en y ajoutant quelques plantes vivantes, des lemna, par exemple. Il faut avoir aussi le plus grand soin de ne pas laisser évaporer l'eau. On pourra, de cette façon, conserver assez longtemps dans des vases séparés une petite collection d'infusoires, qui se reproduisent et se développent. Les plus faciles à garder sont les arcelles, qu'on voit pulluler et grossir pendant plusieurs mois, pendant des années même.

Il m'a toujours été impossible de garder plus de huit à dix jours le volvox globator et le stentor. Peut-être y aurait-il un moyen d'avoir toujours sur la main les infusoires qu'on désire étudier; ce serait d'établir un aquarium d'une dizaine de litres, d'y installer des plantes vivantes avec un peu de terre et d'imiter en petit ce que fait la nature. Là, en ne changeant pas l'eau, on voit se développer sur les parois des plantes microscopiques, formées de petits sportes verts; puis, peu après, des filaments, et ensuite de véritables conferves qui ne tardent pas à couvrir le fond de l'aquarium. A mesure que cette végétation s'étend, on voit des infusoires verts, des Euglènes, des Dinémes surtout, prendre naissance. Des infusoires qu'on apporterait là d'un marais ou d'une rivière vivraient parfaitement. Seulement il est très-difficile de ne pas introduire dans ce milieu de petits crustacés ou des œufs de ces crustacés, des cyclopes, par exemple, qui ne tardent pas à dévorer les infusoires.

J'ai essayé d'établir un aquarium sur cette donnée et je dois avouer qu'il m'a été impossible de conserver longtemps les espèces que j'y avais apportées. Sans doute, il manquait des plantes nécessaires à certains infusoires; et puis une nuée de cyclopes et autres petits crustacés se nourrissaient aux dépens des animaux plus petits, quoique j'eusse eu le soin de conserver dans l'aquarium un hydrophile et des polypes d'eau douce qui mangent les crustacés.

Il faut penser cependant qu'on pourra arriver à établir

un petit marais artificiel, puisque dans un tonneau d'arrosage, on peut trouver toute la série des infusoires. Mais il faut pour cela l'exposition en plein air et beaucoup de temps.

Le point le plus clairement démontré dans cette expérience, c'est qu'on peut conserver dans un appartement, sans jamais la renouveler, une masse d'eau d'une dizaine de litres, dans laquelle vivent des plantes et des petits animaux dans une certaine proportion.

Il faut qu'il y ait beaucoup plus de plantes que d'animaux. En ayant soin d'ajouter de l'eau de temps en temps, on peut assister à une série de phénomènes extrêmement intéressants. Certains petits animaux : des insectes, des polypes, peuvent vivre ainsi des années, et à travers les parois transparentes, il est facile de suivre toutes les phases de leur existence. De temps en temps, une génération d'infusoires ou de systolidiens remplit l'aquarium; elle disparaît, est remplacée par une autre ou par une végétation nouvelle, et ainsi de suite.

Tous les naturalistes sont arrivés à ce résultat, soit avec de l'eau douce, soit avec de l'eau de mer. Des appareils ainsi construits remplacent avec avantage, même au point de vue pittoresque, l'antique bocal du poisson rouge.

Ajoutons que depuis un temps immémorial les Chinois ont des aquariums, dans lesquels ils cultivent sans changer l'eau des Nymphéea, leur fleur de prédilection. Ils y élèvent en même temps de petits animaux, des hydrophiles et des crevettes d'eau douce.

DE LA MANIÈRE D'OBSERVER LES INFUSOIRES.

Les infusoires une fois trouvés, il s'agit de les observer.

Disons d'abord, pour les personnes dont l'œil est délicat, qu'il faut éviter de travailler le soir à la lampe. Le mieux est d'établir son microscope dans l'embrasure d'une fenêtre, à l'ombre ou mieux au nord ; d'éviter les reflets. Un jour d'atelier est le plus convenable ; on fera encore mieux, en se plaçant derrière un écran.

Il faut éviter de se servir d'un instrument trop considérable qui est toujours gênant ; un petit instrument bien construit, de façon à ce que le jour pénètre facilement jusqu'à la préparation, est plus facile à diriger et moins fatigant. Deux oculaires et deux jeux de lentilles qui vous donneront un grossissement maximum de 350 diamètres sont très-suffisants. Vous pourriez avoir jusque 1,500 et 1,600 fois le diamètre, mais outre que l'examen devient fort difficile, vous ne verriez pas plus et pas mieux, au contraire.

On commence par examiner à la loupe les parois du vase qui renferme les animaux qu'on veut étudier.

Ils sont le plus souvent groupés près de la surface, au point le plus éclairé.

On plonge alors, dans le liquide, l'extrémité d'une baguette de verre, ou le bec d'une plume taillée, avec laquelle on râcle le bord du vase, et on transporte la goutte d'eau sur une lame de verre bien plane et bien propre ; on fera bien d'y ajouter quelques fibrilles végétales ; enfin on recouvre le tout d'une lame de verre mince.

Les fibrilles végétales ont l'avantage de maintenir entre les deux lames un écartement qui permet aux infusoires un peu gros de circuler librement sans se déformer; elles servent en même temps de points de repaire.

M. Pouchet s'est servi avec avantage d'une étoffe claire, dont les mailles servaient de loges, dans lesquelles les petits animaux s'isolent.

La plupart des infusoires nagent si rapidement, qu'il faut continuellement mouvoir la lame qui les supporte; une main est employée à ce maniement, tandis que l'autre est posée sur le pignon moteur de la vis de rappel. Au bout de quelques minutes, le liquide maintenu entre les lames de verre s'évapore, et si on veut continuer l'observation, il faut déposer sur le bord de la lame mince une goutte d'eau, qui ne tarde pas à pénétrer par capillarité. Si on est obligé d'interrompre l'observation et même de la remettre au lendemain, on aura soin de recouvrir la préparation avec un verre de montre mouillé sur le bord et de recouvrir le tout avec une cloche.

DU MOYEN DE DESSINER LES INFUSOIRES.

M. Ehremberg a essayé de conserver les infusoires en collection, en les desséchant; mais cette opération ne peut être appliquée fructueusement qu'à ceux qui ont des coquilles; les autres se déforment complètement; d'autres même disparaissent tout-à-fait dans le liquide, sitôt qu'ils sont morts. Le seul moyen vraiment pratique est de les dessiner.

Pour ceux qui restent fixes, on peut employer la chambre claire, mais c'est le plus petit nombre. Il faut dessiner les autres directement d'après nature et aussi en s'aidant de la mémoire. Il faut rapidement dessiner les contours, la silhouette, et on place ensuite les détails; quand on en a vu beaucoup, il devient facile de faire les corrections.

Avec un peu d'habitude, on arrive à observer l'animal d'un œil, tandis que de l'autre on suit le dessin. Pour cela, on dispose sa feuille de papier tout près du microscope, en ayant soin de l'élever à la distance de la vision distincte qui varie pour chaque personne, mais qui est le plus communément de 25 *centimètres*.

Le plus commode est de dessiner au crayon; les effets se font cependant plus vite au pinceau, avec l'encre de Chine.

On conçoit que la distance de la vision distincte variant par chaque individu, le dessin ne peut donner que la grandeur relative apparente de l'objet. Mais cela n'a qu'une médiocre importance, le dessin pouvant être réduit ou agrandi à volonté.

Pour avoir la grandeur réelle de l'objet, il faut se servir du micromètre. On fera bien toutefois d'inscrire près du dessin le grossissement en diamètre.

Typ. Oberthur et fils, à Rennes. — Maison à Paris, rue des Blancs-Manteaux, 35.

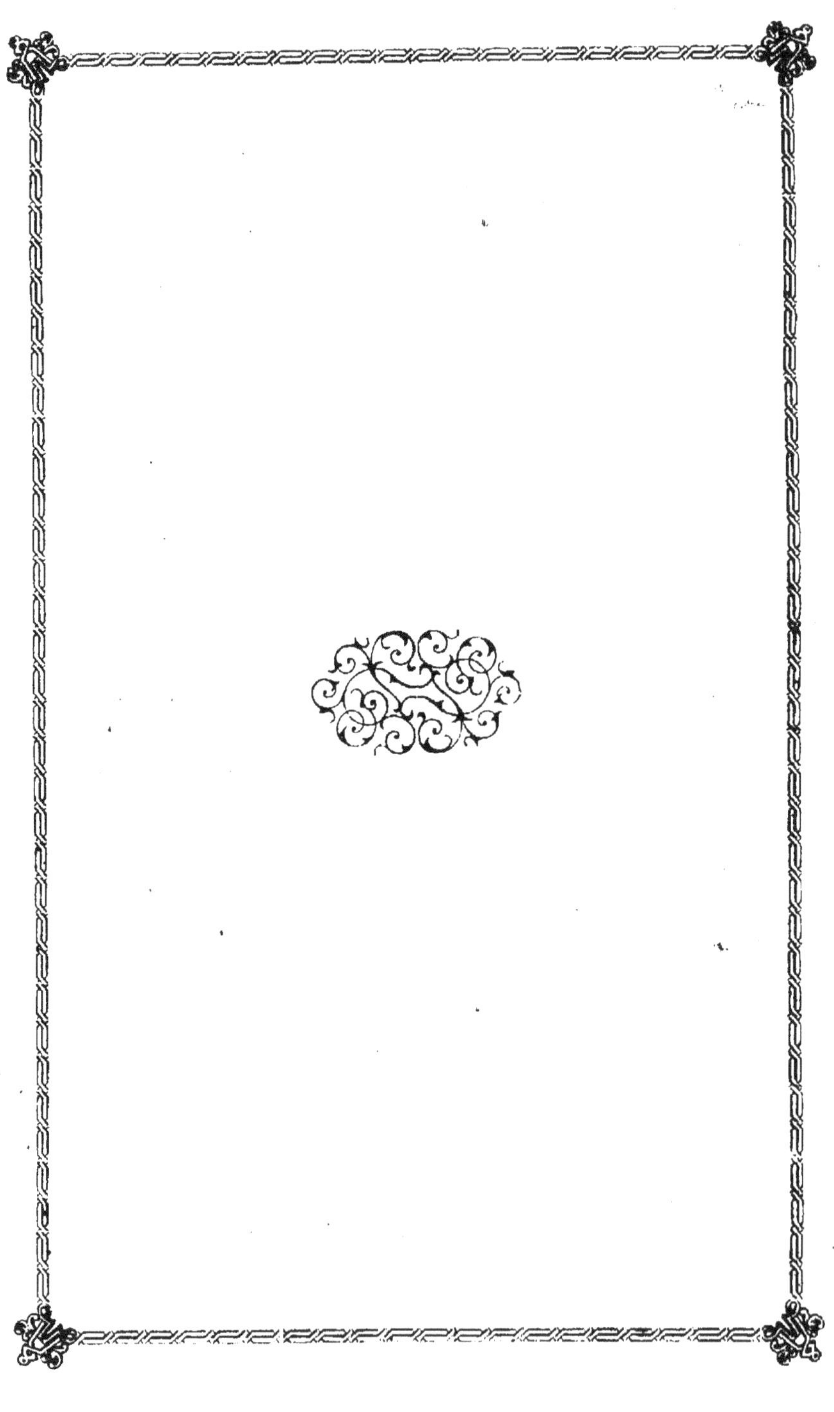

www.ingramcontent.com/pod-product-compliance
Ingram Content Group UK Ltd.
Pitfield, Milton Keynes, MK11 3LW, UK
UKHW021114260726
13994UKWH00002B/884